看得越远，走得越直

艾力 著

图书在版编目（CIP）数据

看得越远，走得越直 / 艾力著. -- 南京：江苏凤凰文艺出版社，2024.5

ISBN 978-7-5594-8562-5

Ⅰ. ①看… Ⅱ. ①艾… Ⅲ. ①成功心理－通俗读物 Ⅳ. ①B848.4-49

中国国家版本馆CIP数据核字(2024)第065683号

看得越远，走得越直

艾力　著

责任编辑	周颖若
特约编辑	曹红凯
出版统筹	孙小野
出版发行	江苏凤凰文艺出版社 南京市中央路165号，邮编：210009
网　　址	http://www.jswenyi.com
印　　刷	三河市嵩川印刷有限公司
开　　本	880毫米×1230毫米　1/32
印　　张	8.75
字　　数	176千字
版　　次	2024年5月第1版
印　　次	2024年5月第1次印刷
书　　号	ISBN 978-7-5594-8562-5
定　　价	56.00元

江苏凤凰文艺版图书凡印刷、装订错误，可向出版社调换，联系电话025-83280257

当你不知道巨浪会将你带向何处的时候，

你唯一能做的就是：

拥抱风浪，保持呼吸。

CONTENTS

目　录

01 第一章 >>>>>>

不确定的未来，保持开放的人生

<<<<<<< 第二章 02

找准坐标，让你的人生之路永不偏航

03 第三章 >>>>>>

先成长，再成功

<<<<<< 第四章 04

从普通人到牛人的进阶

05 第五章 >>>>>>

认知升级，助你在信息社会勇往直前

<<<<<<< 第六章 06

永远不要忘记去爱

01

<<<<< 第一章 >>>>>

不确定的未来，保持开放的人生

一个人真正需要做的就是在不确定性中找到确定性，而这个确定性永远都不是固定的，那么，就去拥抱这个世界的不确定。

当你的计划赶不上世界变化的时候 >>>>>>

如果让你用一个词来形容过去的几年，沮丧、无助、彷徨、重启……也许这几年的经历会牢牢地刻在我们这一代人记忆里。

在如此特殊的时期，曾诞生了一次无比特殊的高考，让我最难忘的是 2020 年上海高考的作文题——世上许多重要的转折是在意想不到时发生的，这是否意味着人对事物进程无能为力？不知道当时的考生看到作文题目后是否会感到无从下笔，我想很多人在生活中遇到类似这样的“考题”恐怕只能感慨命运无常。毕竟这个世界上很多事情都是我们无法预料，更无法掌控的。

2019 年，我有个朋友攒了一笔钱开餐厅，本想在 2020 年春节赚个盆满钵满，结果刚一开业就亏得“底裤”都不剩；当无数的在校大学生憧憬着自己的未来时，许多已经有工作的人都面临着被裁员的危险……人们常说，人生就是一条长路，每经过一个路口都会是命运的一次转折，那么当我们站在现在这个路口，身处一个如此不确定的年代，茫然彷徨的你将如何面对这个转折呢？

1

感到沮丧是正常的，我自己在 2020 年就迎来当头一棒。了解我的读者都知道，我是一个善于制订计划，喜欢一切都在掌控之中的人，是一个“时间管理极客”，在生活中很难做到对不确定性事件毫无怨言欣然接受。一方面我恨不得把每分每秒都榨干价值，把一天当作三天活；另一方面我又喜欢井然有序，用不同文件夹来整理电脑资料，就连衣柜也会按照衣服的用途和颜色把衣服整齐区分开、摆放好。而 2020 年外部环境的变化让我一下子感受到非常大的压力，这很痛苦。原本计划好 2020 年举办的婚礼与蜜月不得不延期，我的求学计划也因此受到困阻。工作上，因突如其来的变故我失去了很多机会，甚至我还因为网络攻击遭受了一笔巨大的金钱损失。我抱怨命运的不公，也和无数人一样渴望糟糕的日子快点过去，生活能够重启。

我曾一度走到崩溃的边缘。还好，在我最迷茫、最害怕、最慌乱的时候，我有一颗“速效救心丸”，阻止我做傻事。我会对我自己说：“What would Caesar do?”（恺撒会怎么做？）这其实源于西方的一个谚语：What would Jesus do?（基督会怎么做？）我不信基督，但是我觉得这是个非常好的方法——当你遇到人生困难的时候，可以把自己想象成历史上某一个你特别佩服的人，想象他会做什么样的决定。我最佩服的人就是恺撒。在面对这一切不如意的时候，我就想，如果我是恺撒，会怎么做呢？想必那个一生都在应对变故的他，那个带领 5 万人的军队被敌方 35 万人包围还能完胜的他，那个临死前也没丢失风度的他，面对这样的处境，大概会轻蔑地说一句：就这？

是啊，那些在历史上能成就一番事业的人都有个共同的特点，就是处变不惊。他们之所以能够做到这样，是因为他们能对外界的变化了然于胸，并能够将自己融入其中。他们会用一个更大的时间尺度去看待现在的事情，当把时间尺度放大以后，你就不会过分敏感，也不会过分焦虑了，因为你懂得了，人的一生难免会遇到大风大浪，而你能做到的只有在当下驾驶好自己这艘方舟，去乘风破浪。虽然我们在这几年遭遇到了这么大的变故，但是当你把这时的 1 年放到更长的 10 年中去看，就会觉得这其实不算什么；当你再把时间尺度放大到 100 年去看，就会发现 100 年前其实更惨，又是各种疾病流行，又是第一、第二次世界大战。但我们的祖辈不也从百年乱世中活下来了吗？ 所以面对现在暂时的困难，不要大惊小怪，更无须忧虑不已，只要把时间尺度放大，这些都不是事儿。

我们回过头看一看。文艺复兴时期，在欧洲疾病流行的背景下，意大利文学巨匠薄伽丘写出了赞美爱情、鞭笞封建贵族堕落和腐败，体现人文主义思想的《十日谈》。1665 年，在剑桥大学三一学院读书的牛顿因为学校停课，只好回到了老家的乡下庄园，在那里度过了 18 个月几乎与世隔绝的生活，而这段时间却成为他后来几十年学术之路的起点，我们所知的“牛顿三大运动定律”“万有引力定律”“微积分概念”以及“光学色彩理论”，这些研究都开始于牛顿“宅家时期”。

1830年的秋天，普希金因俄国暴发霍乱，被迫在领地玻尔金诺村待了3个月，无事可做的普希金在这段时间里创作了6部中篇小说，27首抒情诗，其中还有著名的《叶甫盖尼·奥涅金》……

显然，我们这辈子很难达到上述几位伟人的成就，但至少我们不应该让自己溺死在自己的负面情绪里。当我们能够让自己内心强大起来，做到遇到意外处变不惊、坦然接受的时候，就不会惧怕所遇之不幸，有智慧的人，在面对逆境的时候都不会抱怨或迁怒，而是冷静下来，先弄清事情的来龙去脉，然后想对策解决。孔子就曾告诫世人：“不迁怒，不贰过。”有一句话说得好，“能控制好自己情绪的人，比拿下一座城池的将军更伟大。”可见，能够顺其自然、做到处变不惊、积极自我调整的人，才是真正的强者。

2

要想做到处变不惊，就必须得控制情绪。而情绪的问题，只能通过行动来解决。当你感觉到一切不受控制，自己的情绪波动非常大的时候，你是无法用情绪去控制情绪的，因为你越想要安慰自己，就越会觉得自己可怜，这是一个死循环。此时，你真正需要做的，是行动起来，这个行动无论是专注于手头的事情，还是专注于更大的历史格局，都可以。美国作家雷蒙德·连卡佛就曾说过：我还是相信工作的价值——越辛苦越好，不工作的人有太多的时间来沉溺于自己和自己的“烦恼”之中。只要行动起来，你就会从负面的、焦虑的情绪当中自然而然地走出来。

我也是用这种方式走出崩溃的。当我想明白这一切后，因为一时半会儿无法出门，便开始在家里利用网络疯狂上课，学习优秀主播的分享方式，也希望通过学习能把我的知识更好地分享给大家。我逼自己不停读书，不断思考，在重温马克·吐温的名言“历史从来不重复，但会押韵”的时候，我再次感慨自己的烦恼大多是无中生有。当我把时间和精力都投入到学习中的时候，那些负面情绪不知何时已经消散得无处可寻。而在读到著名专栏作者万维钢老师的作品时，我有了更大的启发：你有你的计划，而世界另有计划，面对变化时，我们既不能消极地自我否认，也不能自负地迷之自信,如果一个人过于执着地去找规律,去干涉和控制,就变成了迷信。

3

我们要敬畏这个世界，盲目地100% 相信自己也是一种迷信。“迷信”和“探索”其实采用的是类似的思维，只是程度不同。那么如何知道自己是理性探索，还是陷入了迷信呢？万维钢老师把这种迷信划分了四个等级：第一级是求神保佑，第二级是追求好运气，第三级是阴谋论，第四级是随时随地都能发现生活中的意义。所谓“迷信”，就是在没有道理的地方寻找道理，在没有意义的地方找到意义，在没有规律的地方发现规律，在没有因果的地方强加因果。这里面的关键就是如何面对随机事件。实际上，有些事情就是无缘无故发生的，只有你承认自己无法掌控，放弃控制，才是科学的态度。最能证明人们盲目自信的案例，就是“黑天鹅事件”。“黑天鹅”这个名称来自人们在澳大利亚发现了黑色的天鹅这件事。17 世纪之前的欧洲人认为天鹅都是白色的，但是当探险者们发现了第一只黑天鹅的时候，“全世界没有黑天鹅，天鹅都是白色的”这个之前几乎不可动摇的观念就崩塌了。黑天鹅的存在是对已有认知的颠覆。人类总是过分自信，过度相信经验，而一只黑色的天鹅就足以将过去几千年的认知彻底颠覆。所以“黑天鹅事件”不是系统内出现错误的事，而是完全在系统之外认知层面的问题。

要想成为一个用理性引导自己思考的人，我们要知道：不确定性其实才是唯一的确定的，世界上唯一不变的就是它在不断变化。所以当计划赶不上变化时，与其感慨、抱怨，不如告诫自己只有不断变化才能不变。一个人真正需要做的就是在不确定性中找到确定性，而这个确定性永远都不是固定的，那么，就去拥抱这个世界的不确定。世界从来都是不确定的，连人类的出现都是一种巧合。地球就是一个完全的随机数，在浩瀚的宇宙当中，地球是目前我们知道的唯一有生命存在的星球，这是由千万个巧合组成的；地球上能够出现生命也是由千万个巧合构成的，生命发展和人类进化也是千万个巧合的结果，人类能够进化出语言更是千万巧合中如同“基因突变”般的奇迹，所以人的存在本身就是一件不确定的事情，而我们每个人都是一个奇迹。我们的一切本身就是巧合的结果,所以这种想要求稳,想要掌控一切的心理就是一种高级的迷信表现，凡是迷信就都要破除。

我们虽然不能掌控一切，但是我们可以保持一个积极健康的心理。心理学家塞利格曼认为，积极地自我暗示，就会有越来越多的好事发生。这其中涉及的心理学理论包括 “归因风格”和“自我效能感”，乐观积极的归因风格，会促成更加主动的行为发生；强烈的自我效能感，能够激发个体内在潜能。也就是说，积极的意识会产生积极的行为。我们可以发现，伟大的科学家、思想家其实都在做一件事情：让生命当中好事情发生的概率不断增加。只有这种概率不断增加了，你才能够有更好的未来。

4

面对一切问题的时候，我们不应该要求百分之百的确定性，而应该想办法让成功的天平尽可能朝有利于自己的这边倾斜；我们不能指望一切都会按照我们的要求去发展，但我们可以尽可能地让自己站在历史正确的一面。要让好运气站在我们这边，就需要我们去做一些反脆弱的事情。

所谓的“反脆弱”其实很简单，就是去做那些失败的风险可控，但是成功了可能会有几十倍甚至几百倍累积效益的事。举个例子，比如从投资的角度来讲，用借来的钱做杠杆高风险投资就是极其脆弱的事情。你的收益是可见的（大概率也就 10%），能获得 50% 以上收益的人少之又少，而一旦亏损，你却可能亏掉所有本金，甚至可能会背上巨额债务，让你无路可走。但很可惜，因为少数几个传说中的成功案例，很多人都赔了钱。

对自己能力的投资，就是一件“反脆弱”的事情。拿我写作举例，就算我失败了，无非就是失去了时间成本，但我还不至于无路可走，如果成功的话，说不定哪一本书、哪一句话就能让大家看到，我会因此和这个世界多产生一种联结，我的生命也因此多了一种可能。当我们做事情的时候，将“大材”拿去“小用”，能够大大提升成功的概率，兵书上讲，以强胜弱的最好办法就是大材小用，即牺牲效率追求结果，也就是“集中优势兵力，各个歼灭敌人”。另外，做事情不要自我设限。纵观古今中外，有大成就的人绝不会被条条框框限制，而是能够做到随机应变。实际上，这些让失败风险可控的行为，也就是反脆弱。

既然计划往往赶不上世界的变化，所以，不要因为不确定就迷茫，我们要学会把事情放到历史的维度上、放到时间长河中去看，尽可能去做风险可控和可以累计效益的事情。面对挑战不要勉强应付，不要自我设限，更不要孤注一掷，只有这样，在世界突变以及历史转折的时候，才能让成功的天平向有利于我们的这一边倾斜。

存在即合理，开放胸怀去拥抱最好的时机 >>>>>>

最近我收到了很多粉丝的私信，大家的提问让我思考了很久。私信中，有大四学生泪流满面地告诉我："老师，我是学市场营销专业的，现在该找工作了，但是觉得自己什么都不行，感觉这四年都白学了，未来的一切都非常可怕，我不知道自己该如何面对……"也有年纪稍大的粉丝跟我说："老师，我已经看不懂这个世界了，感觉自己的技能和时代脱节了，自己一无是处。"同时，也有一种声音在抱怨："现在网络上的直播、微商全部都是骗钱的。"其实大家都在表达同一个问题："这个世界到底怎么了？"

1

在互联网社交平台上，有一个话题讨论度一直很高的帖子："35 岁以上的职场人都去哪儿了？"话题下面有许多人真实的经历：有去送外卖的"85 后"程序员；有在内部竞争中被边缘化的职场人，无奈之下周末开始跑"闪送"和开网约车；有曾经是"985"硕士，手握几篇 SCI 论文，如今却成为自己年轻时最看不起的"体制内闲人"。还有一条回复，说自己早早就预料到35岁时饭碗会不保，所以提前跳槽进了国企，结果企业被收购，他所在的部门整个被裁员……

是不是我们所有的不解，都是因为这个世界变化得太快？认真研究所有经济现象后，只要我们将它拓展开，就能清晰地看到它的路径——所有市场经济本身都是一个交易的过程。市场从最初的以物易物到后来有了货币，从点对点之间的交易，再变成了一条线的交易。所以开辟丝绸之路的那个商人他是真的很伟大，将商品从中国一直卖到欧洲那么遥远的地方。后来，随着交易的增多，慢慢形成了市场，最后这张网中的超级节点聚变成为最大的市场……于是，就有了大型的商场、超市。之后有了互联网，人们发现在互联网上卖货的成本更低，既然都能把货卖出去，我为什么非要在线下而不在线上交易呢？所以就有了电商巨头和各种各样的网店。但是网店盛行后又导致了一个问题：选货选来选去太麻烦。我还不如相信一个人，他说什么好，我就买什么，所以才有了直播带货，于是就形成了一整条垂直领域经济链。

市场的发展趋势已经从最早的人们买“货”变成了买“厂”，最后变成买“人”。买“货”就是买商品，买“厂”就是买品牌，买“人”就是买信任，这是一个非常自然的过程。其实，并不是市场变了，而是我们人类又回到了最原始、最自然的交易状态，交易是基于彼此的信任。你可能会问，这种自然的市场交易状态为什么过去没有？其实过去之所以没有这种交易状态，是因为在很长一个历史时期内，人与人之间的联接是相当有限的。假如我是个特别好的石匠，你是个特别好的木匠，我可以在你那儿买木器，你可以从我这里买石器，但是我要是再想认识一个铁匠，他可能住在 500 公里以外的村子里面，那我就没办法跟他交易了。现在，我们有了互联网，这个问题就迎刃而解，它将所有的供应商、批发商联系在一起，所有因区域限制造成的隔阂瞬间抹平。

在电商时代，一个山村里面的手艺人，他只要学会在互联网上卖东西，就有可能瞬间卖完自己的手工艺品，甚至偏远地区一整个县的农产品，可以在半个小时之内全部被抢购一空……

这就是现在的市场体系，你无法拒绝，只要是符合市场发展规律的新事物， 就是合理的。

2

其实早在 2003 年“非典”时期，如果我们用心去回忆的话可以发现，无论是京东也好，淘宝也罢，就是在那个时候得到的启发，才会一步步做到现在的电商巨头。刚开始，我们其实都不相信网上卖的东西：买鞋子怎么能不先试一下？没看到东西就交钱，我们怎么知道是真还是假？截至 2020 年 12 月，我国网络购物用户规模已经达到 7.82 亿，正是因为这个巨大变化，才有了我们消费方式的巨大改变。居家期间，人们在网上听课、网上送餐、网上买菜……全世界都用上了新的经济模式，或许它的本质从来没有改变，改变的只是展现形式，所以创造了无数的可能性。也是在这个特殊时期，一些主播在直播平台带货创造了销售神话，电商直播快速崛起，甚至有的学校已经开设了网络电商主播专业。

那么问题来了：市场在不断变化，作为个体，你又应该怎么办？说实话，我对这些创造销售神话的主播是羡慕嫉妒恨的，一是羡慕，二是有那么一点点嫉妒，但更多是恨——恨那个人不是自己。所以有一句话让我印象深刻，叫作：打败你的从来不是你的对手，而是你落后的认知。当所有人都开始大踏步往前走的时候，如果你还在原地踏步，甚至还不想走，还在抱怨社会变质了，那你就只能成为一个英文中的“cynical”，也就是愤世嫉俗的人。这时候你真正需要做的，而且应该做的，其实是不断拥抱改变，顺应时代潮流。

当然，也有人会说“我年龄大了，改变不了了”。可我要告诉你，年龄和改变没有任何关系。

只有当一个人拒绝改变时，那个人才真的老了。有些人 22 岁就老了，因为他拒绝改变；可有些人 65 岁还没有老，因为他一直拥抱改变。比如罗振宇老师，他从体制内辞职后成为自由职业者，然后创办“得到”App，他就在不断地接受改变；著名主持人王小骞，41 岁生孩子，46 岁辞职后做起了自己的事业；马斯克非常厉害，但你可能不知道，马斯克的老妈更厉害，她坚持学习，自学了两个硕士学位，60 岁成为封面女王，广告牌竖在了纽约时代广场，72 岁成为美国网络红人。

所以，年龄从来不是一个人不能改变的借口；相反，人们总是把“我老了”和“改变不了”放到一起，其实真相是你改变不了，所以你老了。当你开始学会改变了或者开始拥抱改变了，就算是 90 岁，你依然可以年轻。无论到什么时候，也不要把抱怨和借口当作不愿改变的理由。

3

市场在不断变化，甚至可以说全世界正处于一个巨大的爆发期的黎明之前。有人会说：“老师你在危言耸听吧？”我这么说，是因为现在很多技术都已经很成熟，但是技术和现实的融合还缺一些契机，一旦契机到来，技术真正拥抱现实的结果，可能会是天翻地覆的。比如，人们一直想要一辆能够飞起来的汽车，相信你一定在科幻电影或者动画片里看到过，汽车马上就要掉落悬崖的时候司机按下按钮，汽车就飞了起来。以前这种事只能存在于科幻片中，真正实现需要异常强大的互联网定位，需要能使汽车飞起来的动力，甚至需要拥有高速处理能力的芯片……当制造飞行汽车所需要的技术都成熟了，它们融合在一起，很快就会有飞起来的汽车。再比如，远程 3D 打印技术，虽然现在用得还比较少，那是因为材料费比较昂贵，但随着现实应用的需求和技术的发展，可能再过几年，人们只要有图纸，就可以实现远程 3D 打印了。在教育领域也是一样，VR（virtual reality，虚拟现实）技术远程教育这个概念非常火爆，拥有这类产品的公司在美国上市就被看好，股值激增，资本的青睐必然促进技术的快速发展。未来，学生戴上 VR 眼镜，就能看到老师站在自己面前，就算隔着千山万水，也好像是在教室里一起上课一样。

这些扑面而来的变化，确实会让人有点不知所措，那么我们作为个体，应该如何应对？我觉得一定要保持三种心态：

第一种，不断学习、保持开放的心态。我曾经错失了一个特别好的投资机会，当时人家把东西拿给我，我看了一眼脑子里就想“这不就是那什么吗？”正是因为这种先入为主的心态，使我跟那次机会失之交臂。在那之后，我就告诉自己要谨记：遇到一个新的事物，不要急着否定它，存在即合理，要去研究它为什么存在。可能你不是专业人士，没有从事相关领域，但是你应该先知道它存在的意义在哪里。

为什么哔哩哔哩能够受到那么多年轻人的欢迎？为什么选秀节目看起来好像挺无聊的还有那么多人在看？为什么二次元那么火？ 很多人一开口就点评，“这是道德的沦丧，社会的退步，人性的缺失……”其实，当有新的事物出现的时候，我们不要一上来就否定，我们要做的就是用开放的心态去看待这些事物深层的逻辑，去尝试理解它背后的合理性，这样我们才能够不断地学习进步。

第二种，关注前沿知识的心态。要引起巨大改变，一定要知识先行、科技先行，我们可以关注所有领域前沿信息的变化，这对我们都是有用的。我就利用上下班的碎片时间，在手机上看各种资讯。比如，我看到了 Zoom 是美股市场上涨得最快的一只股票，这家公司做的是视频会议。也许此时你会说，这跟腾讯会议有区别吗？此时你应该反思的是，你是否关注到了它的细节。Zoom 的优势在于：它的流畅性非常好；它的隐私保护非常好；它的开放性非常好，新手用起来难度非常低，所以它才成为整个美股当中视频会议软件相关企业里面股价涨得最高的。这只是一个例子，其实各行各业的资讯我们都应该去关注，当然，跟自己从事领域相关的信息更需要去关注。

我有一个朋友，他是做体育报道的，当他知道了人工智能写作这项技术的时候，第一时间就意识到以往这种报道形式的稿子未来可能会由人工智能去写作了，那么自己未来的发展空间可能会在体育评论上，他因此调整了自己的职业规划，现在他已经是拥有百万粉丝的体育评论大号了。

第三种，如何从思考新信息中获益的心态。让科技为自己所用，不要被时代的车轮碾压，更不要像我一样因为轻易否定而丧失一个又一个很好的机会。一次，在前往南极的船上，我和来自世界各地的人讨论过一个话题——关于环保，我们到底应该做什么？大家的观点都集中在应该要低碳生活，让每个人都尽量多骑自行车少开车，少使用一次性的餐具。当然，这些说得都对。但是，这真的是我们解决问题的唯一方式吗？我给船上参加讨论的人讲了个故事：时间回到一百多年前，纽约已经是超级大都市，车水马龙，喧闹无比。人们出门的时候，打“马的”，或者坐“公交马车”，甚至很多人都拥有自己的“私家马车”，马除了拉人，还是运货小能手，但是随着城市的日益繁华，烦恼也随之而来。来不及清扫的马粪遍及大街小巷，臊臭难闻，成为困扰市民的一大难题。市政局先后采取了许多旨在解决马粪问题的举措，却都难以奏效。按照纽约当时的发展速度，总有一天纽约每天会有几万甚至几十万辆马车在路上跑。这些马的粪便几乎可以把纽约全部盖满，所有人都忧心忡忡。1889年，人们甚至围绕“马粪问题”在纽约召开了国际会议，可直到会议结束都没有商议出更好的解决办法。

现在我们看到，马粪并没有淹没纽约， 如今的纽约还好好的。而这是因为人们发明了汽车，马车被取代了！我们现在城市的情况，比当年满街马粪的纽约要好很多吧！所以最终能解决我们问题的始终都是科技，借助科技的力量，我们最终能解决一切经济问题，因此我们都应该关注科技。所以，我当时说："我完全同意各位的观点，现在我们每一个人都应该做一些环保的事情，但我觉得应该尽可能多地把资源投入到环保的研发中去。很多人可能不知道，中国是全世界太阳能领域研究投入最大的国家，没有之一。只有清洁能源被大量研发出来并使用，才能从根本上解决我们当前面临的环保问题。"

面对经济科技云谲波诡的变化，我们要保持开放的心态，关注新事物的变化与发展，不断地学习前沿知识，并在学习的过程中对新信息进行深入的思考和分析。唯此，我们才能应对变化，不断地调整自己的发展方向和工作方式。

4

我们要开放胸怀去拥抱最好的时机。科技能改变世界，所以我希望大家要对未来有信心，经济虽然有不确定性，但是科技和经济的发展最终还是为我们带来了生活的改变，使我们的生活更便利，收获到了科技和经济发展为我们带来的红利。

如果你穿越到 19 世纪末的伦敦街头，会看到这样一幅奇景：一辆样式难看、尾部冒着黑烟的铁家伙在街上以每小时不足 4 公里的速度“爬行”着，轻巧便捷的马车不时从它旁边擦肩而过，用优雅的马蹄声嘲笑着这个怪物发出的隆隆轰鸣。在伦敦有专门的旗手，每一次火车出发的时候,他们就手持红旗赶着马车与火车头赛跑,每一次马车都会超过火车,每到路口，旗手还会回首，在确认没被落下后，继续前进。这些旗手超过火车之后，会相约着去酒馆喝一杯。

可后来的故事我们都知道，这些因为超过火车就沾沾自喜的人早就被历史忘得一干二净了。所以，对市场的不确定和对现实迷茫的人们，请你一定要保持开放与学习的心态，不管之前你学了多少东西，不要因为沉没成本，不要因为你过去花的那些精力就放弃了未来的可能性。

我是最早一批拥抱互联网的老师。早在 2011 年的时候，我就开始在网络上做免费的短视频教学，那时候我在新疆，经常是架起手机就录制视频，也不懂得注意形象，头发都是乱糟糟的，那样子让我现在都不敢想象。慢慢地，我的视频点击量从一开始只有 5000，慢慢积累到了 5000 万，再到后来的一个亿。电视台也是因为看到了我的视频，才邀请我去参加节目，后来我接连参加了《超级演说家》等节目。大家因为节目认识了我，我也因此成为具有一定知名度的英语老师，这完全归因于我最早拥抱了科技。

所以，我希望正在读这本书的你，要顺势而为，不抱怨、不否认、不躺平，永远不要做赶着马车去和火车头赛跑的人，不要做明明走在错误的道路上还扬扬得意的人，而是要顺应时代的洪流，去适应这个瞬息万变的世界，做一个敞开胸怀去拥抱现在的人。

人生无常，会应战的人就可以所向披靡 >>>>>>

我有个朋友，他在互联网上遭受了黑客攻击，损失了一大笔钱。其实发生这件事之前，我们聊天的时候分析过可能出现的情况，也预想过最糟糕的情况和应急机制。但当最坏的情况真的出现时，他还是备受打击无法承受，内心的煎熬无法用语言描述。

我的父亲阿不利孜・赛丁在 51 岁的时候因为车祸去世了。那是一个深夜，他在马路边工作，结果被一个小伙子骑着摩托车撞倒，虽然只用了 6 分钟就被送到了医院，但还是没有抢救过来。这事发生后我就一直在想：在深夜里，在一条平日里没有什么车的路上，被摩托车撞到的概率有多低呢？大概只有千万分之一吧！可这一切就是发生了。

记得在去南极的船上，最让我感动的是一位美国老奶奶，她看起来保养得很不错，心态也非常好，当时船上这些去南极的人，不是三五好友组队，就是一对对的情侣，而她始终都是孤身一人。所以，我们都对她十分好奇。在一次聊天中得知，她和丈夫在半年前就预订了去南极的船票，可世事无常，在开船的前两周，她的丈夫不幸去世了。她非常痛苦，但是家人还是劝她不要放弃这次的旅行，因为她丈夫人生中最后的心愿就是去南极，一起去南极是她与丈夫之间最后的约定。于是，老奶奶带着丈夫的骨灰一起登上了去南极的船。夕阳西下，她在全世界最美的地方将自己爱人的骨灰撒进了南极的大海。船上所有人看到这样的画面，心中都感慨万千。我跟老婆说："如果将来我先你一步走了，你要把我的骨灰撒到这儿。"我老婆看了我一眼说："算了，来南极太贵，埋地里得了。"这对话当然是开玩笑，但美国老奶奶的事告诉了我们一个道理，就是人生无常啊！很多规划好的事情都可能会发生改变，而这件事让我对"人生无常"这四个字的感受更加深刻。

虽然我是一个完美主义者，但我的一个人生信条是——Hope for the best，prepare for the worst。意思就是，期待最好的能发生，但是也做好最坏的打算。面对各种遭遇，我们要学会应战。

1

人生充满了不确定性，本来说好携手一生的人可能说走就走了；你努力积攒的家当可能因为洪水，一夕之间就不见了……有的人会说，既然这样，人生何必太辛苦，过好每一天就行了。如果你真这样去想的话，就会养成一种及时行乐的态度，就像我看到很多人说的，"活着就好，今朝有酒今朝醉"。我觉得如果有这样的想法，那么你就站在错误的队伍里面了。

乔布斯曾经说过一句话：“如果你把每一天都当作生命中的最后一天，总有一天你会发现你是正确的。”我觉得这句话特别有意思。其实这是乔布斯跟我们开的一个玩笑，他想表达的意思是：如果你真的把每一天都当成人生的最后一天来活，你早晚会如愿以偿，迎来自己人生的最后一天。当你没有长期规划，或者你觉得人生完全没有定数的时候，你就会做一些放纵自己的事情，比如熬夜、酗酒等，这样的人大部分都是今朝有酒今朝醉的态度。可是，很多人都忘了，“今朝有酒今朝醉”的下一句是“明日愁来明日愁”，这两句连起来是说，今日的得过且过，肆意放纵，并不能解决今日的烦恼，因为以醉解愁是有期限的，明日酒醒之后，你将要面对的还是未排解完的旧愁加上明日的新愁，那只能是更愁了。

所以我觉得，当我们面对人生的各种不确定性时，不应该采取这种虚无主义彻底放弃一切的态度。古人云，凡事预则立，不预则废。做事前做好充足准备，才不会遭遇困难，正所谓“人无远虑必有近忧”，人活于世，凡事都要看得长远一些，需要对未来之事提前谋划，只有把困难和不利因素想得充分，才能使事情变得更顺利和美好。

2

未来虽然不确定，但我们对未来的变化并非一无所知。让我们来看看人类寿命的发展趋势，有统计显示，从 1840 年开始，人类的平均寿命就在以每年多 3 个月的速度递增。换句话说，也就是每 10 年人类的平均寿命就可以延长 2—3 岁。1945 年的时候，人的平均寿命只有 45 岁，而现在人的平均寿命早已经超过了 75 岁，按照这个趋势计算，2000 年后出生的人，活到 100 岁的概率将是 50% 以上。在未来，10 后、20 后的这些孩子，也许每个人都是百岁老人。有一本书叫《百岁人生》，书里说，“很少有人准备好迎接‘长命百岁’这个天赐大礼。它将迫使我们所有人改变人生计划，在每一个人生模块上重新开始”。人的寿命增加是一件好事，希望你生活习惯不要太差，这样才可以拥有一个高品质的百岁人生。

读到这里，你是不是觉得非常开心？刚才说人生无常你很绝望，觉得自己随时会死掉，明天和意外不知道哪一个会先到来；现在你又觉得特别开心，因为能够活得很久。但我觉得，在绝望的时候你应该保持一份希望，而在你知道自己可以活得很久，人生充满了希望的时候，你一定要怀着一份恐惧。为什么要怀着恐惧面对未来？因为如果已经知道了你可能这辈子能活到 100 岁，或者将近 100 岁，那么从现在开始就要做好充分的思想准备和规划。

过去，我们的人生有着边界非常清楚的三个阶段：从出生到 20 多岁，一直处于学习阶段；从 20 多岁到 60 岁退休，一直处于工作阶段；60 岁之后，重新回到了家庭，种花养鸟带孙子，等着走向人生的尽头……这种传统的三段式人生对于我们每一个人来说都不陌生，在过去的几十年里，包括我们的祖辈、父辈在内的大多数人都是遵照这样的人生节奏。可是，假如我们从另一个角度来看，活到 100 岁意味着什么？这意味着传统的三段式人生模式彻底终结，多段式人生即将登场。对我们个人来说，随着寿命的延长，未来的人生可能会被分割成更多的阶段，每一个阶段都有自己的主题，也可能不会再有明确的界限。

让我们想象一下，十几岁的时候你有可能在上学，也有可能在筹备创业；二十几岁的时候你也许在职场打拼，也有可能重新回归了校园；三十几岁的时候你没有去恋爱结婚，却在四十几岁的时候遇到了命中注定的爱人；六十几岁的时候你还没有退休，为了在新行业中获得发展，你决定重新回到学校里面学习充电……是不是觉得有点不可思议？可这一切在未来也许会司空见惯，就像现在的三段式人生一样，合理且正常。

3

当人类的寿命不断地延长,我们需要提早做好准备,调整人生的节奏,至少去想想 60 岁以后的你应该怎么活。如果你的寿命更长，你要如何在多出来的几十年里维持生计和享受生活？如果人生的尽头是 100 岁，你要选择和什么样的伴侣一起携手同行？如果随着生命的变长，不确定的概率增加，你要从哪些方面来努力应对？面对这些问题，我跟大家分享一下我的思考。

首先，我们需要在及时行乐和长远规划中找到平衡。每个人心中对幸福的画像可能都不一样，在我看来，幸福其实就是有人爱、有事做、有期许。其实，幸福还可以从两个维度来定义，一个维度是有人生的理想和目标，有追求的方向，让自己的生命有意义；另一个维度就是有小的惊喜和意外，让生命中的小美好无处不在。有些时候幸福真的很简单，简单到早上起床发现是周六不用上班，能睡个懒觉就超级幸福；去超市买东西居然多送了一份水果，就能开心一整个下午，这些都是小的幸福。但是有些时候幸福又博大而复杂，当你为他人做一点好事，为全人类做出巨大的贡献，这也是幸福，那是属于大的幸福。

有时候，我们无法寄希望于外界赠予这些小惊喜，而是需要我们自己去创造。我会在阳台种上几盆花，有茉莉、昙花、长寿花，忙碌一天或者没有思路的时候，给这些花浇浇水，看看郁郁葱葱的叶子，心情会一下好很多，或者在一个没有睡意的夜里看到昙花开了，就觉得心里的花都能一起开了，甚至有的时候会觉得这是好事发生的预兆吧。

在我们身边，总有些人把自己搞得太累，像个苦行僧一样，总觉得“我只有做到怎么样才能够怎么样”，以为这样能找到幸福，而现实并不是这样。也有的人说，我就是要今朝有酒今朝醉，不去多想，享受每一天。这样也并不可取。未来我们会活得很长，所以你既不能抱着及时行乐的心态浑浑噩噩地过一辈子，也不能一味地等到一切都准备好了再行动。幸福应该是大和小相结合，而我们的人生规划也该是长和短的结合，一方面努力去找到人生的意义，同时也要时不时地给自己的生活增加一些额外的惊喜。

其次，我们需要具备更好的应战抵抗力。同样是人，有的人总是生病，而有的人可以做到少生病或者不生病，那是因为他们的身体抵抗力比较好；有的人三个月不上班，生活就已经揭不开锅了，有的人却可以活得很好，那是因为他们的财务抵抗力比较好；有的人睡得晚起得晚，刷剧、玩游戏，有的人就可以认真读书，那是因为他们的心态抵抗力比较好；同样遭遇了不幸的事情，有些人会一蹶不振，有些人还能乐观面对生活，那是因为他们的情绪抵抗力比较好……

面对越来越长的生命，越来越多的不确定，我们应该具备保证自己在任何年龄段都有能力应对新的挑战。人类的未来指向光明和希望，而个体命运却充满了不确定，时代的尘埃落在每个人身上，也许就变成一座山，也可能会因为你有强大的应战抵抗力变成一块砖。俗话说，打铁还需自身硬，我们只有身心强大了才能抵御各种未知的风险和挑战。

最后，我们应该找到对自己重要的人，跟这个世界建立联结。随着人类平均寿命的延长，人生的不确定性也随之增加，可能会让你觉得人生这条路又辛苦又漫长，那就给自己找个伴儿吧。因为结伴行走会走得更远。找个伴儿看似简单，实则很难，你得想好到底和谁在一起。有一个现象级的综艺节目《乘风破浪的姐姐》，节目里的宁静老师对婚姻有一个特别经典的描述。她说她的儿子问她："结婚是什么感觉？"她就拿来了儿子的 iPod，删掉里面存的歌，只留了一首设置成单曲循环播放，一直播到没电……她说："这就是结婚的感觉。"很形象，也很精辟。现在选择单身的人很多，仔细想来也是可以理解的。计算一下，如果按照 30 岁结婚来计算的话，现在我们结婚后跟伴侣生活的时间可能是 40—50 年，但是随着寿命的延长，今后这个时间可能会变成 70 年甚至更长。将婚姻这样一量化，这真的是太漫长了。所以，对于我们每个人来说，职业生涯要规划，感情也要慎重地考虑。

其实我所说的"对自己重要的人"不仅指你的爱人，也可以是你的亲人、朋友、知己，或者是有着共同爱好的人，他们会让我们的生命变得更加辽阔且充盈。如果不能与这个世界建立有效的联结，我们多出来的生命就会变成时间的荒野，在不确定的未来和人生中，渐渐走向虚无。

4

我们所谈的与世界有效联结，不一定是与天天和你见面的人联结，而应该是与和你有共鸣、能互动的人。英文中有两个单词 alone 和 lonely，直接翻译成中文都是孤独，但是在英文中这两个词的词义是有差别的，alone 指的是一个人，而 lonely 指的是孤独。我们来看这个句子，也许就明白这两个词的差别了：You are sometimes alone，but you are not lonely，and sometimes you are lonely，but you're not alone。意思就是：孤单也许是一个人的狂欢，有些时候你看起来只是一个人，但其实你并不孤独，因为你的内心与这个世界有联结。

当你在社交网站上参与讨论，通过互联网你就与其他人建立了联结；当你去阅读一本书，或者读一首古诗词，你也会通过情感的共鸣与作者建立联结。当我们想到二次元男孩女孩们，总会自以为是地认为，他们天天宅在家，非常孤单。事实上，他们在互联网上有自己的网络身份，有自己的社区，有许多拥有相同喜好的朋友，他们与这些同好们讨论二次元、讨论动漫、讨论游戏，他们的身份被这个世界识别，而他们也用自己的方式与这个世界进行互动，他们并不孤单。但是反过来思考，一群人狂欢也有可能是一群人的孤单。有些时候，许多人聚在一起，但是其实每个人的灵魂都是孤独的。有些人恨不得天天黏在一起，其实这是表面上的社交， 因为他们内心与这个世界没有建立真正的联结，他只是害怕被孤立，害怕一个人待着，害怕跟自己独处……穿梭在写字楼的上班族，他们每天都在社交，看起来与这个世界的联结很紧密，但他们与其他人的联系都只限于工作上。而工作之外，他们却难以找到一个可以敞开心扉的地方，因为他们没有一个能够与自己产生联结的人或者事，并没有与世界真正互动。

人生漫长,你可以用脚去丈量世界,尽自己所能去到更大更远的地方，那里有不同的地理、历史、文化和风情。当你阅尽山河，看遍这个星球的瑰丽风景，才能将自己放在更宽广的天地中，追寻更远大的人生坐标。人生漫长,你可以在阅读中找到更深邃的世界,不断突破自己的认识局限，对人生进行更深层次的思考和实践,在纷繁复杂的世界里,不断认识自己，改善自己，构筑自己内心的精神世界。人生漫长，你可以认识更多的人，通过他们的眼睛去看见更广阔的世界，通过他们去倾听世界的声音，与世界互动，在互动中将彼此的生命照亮，积蓄应对人生无常的能量。

未来多变，人世无常，面对这一切，我们要不断修炼自己，积极生活，保持开放的心态与世界建立联结，随时准备好应对未来的各种挑战，就能所向披靡。于是我们都可以用温暖的微笑，去拥抱所有的不确定。对这个世界说：Hey，你好。

人生价值没有通用算法，长期主义才是关键变量 >>>>>>

读到这里，机智的你一定会有一个洞察——我问了大家一大堆问题，比如：世界充满不确定，我们要怎么办？经济充满变数，我们要怎么办？人生那么无常，未来那么漫长，我们又该怎么办？好像一切又回到了这本书的开头，就像那道上海的高考作文题，既然很多变化都是自己不能主宰的，那我们到底该怎么办？

貌似到现在都没有给出一个清晰答案。可是……面对这个问题，到底谁会有明确的答案呢？我相信没有一个智者能给出十分笃定的答案。就算大哲学家苏格拉底也只能说：我唯一知道的就是我什么都不知道。但是我们可以从别的人或事上寻找答案，这也是我最擅长做的事情——在这本书中和大家一起了解、探讨、学习那些能够在每一次市场波动中都能获益，在每一次的巨变中都能获得提升的人，他们一定做对了什么。我们可以从这些人身上得到一些启示，我通过长期的观察发现，他们的成功虽然各有不同特点和方式，但他们所有人都在坚持做一件事情，那就是：长期主义。

1

我想先分享一个故事。1885 年，在美国亚特兰大的一间实验室里，一个从军队退伍的药剂师发明了一种用来治疗头痛的糖浆。1886 年，这种糖浆在当地的药房首次作为药物售卖，售价为 5 美分，第一年也就卖出了 400 多瓶。两年后，一个年轻人发现这种糖浆如果作为一种饮料来销售，可能会有发展前景，于是他买下了糖浆的生产销售权，并在 1892 年成立了专门的公司负责经营销售这种饮料。这个饮料就是如今遍布全球，深受一代又一代年轻人喜爱的“肥宅快乐水”——可口可乐。

可口可乐的发展策略一直被当作长期主义的典范，因为在不确定性成为常态的时候，企业利润的持续增长会遭遇极大的挑战，而可口可乐却能够超越变化，做到了基业常青。专业人士分析，在这个过程中，可口可乐有三件事做得特别好：第一，它能够正确地认识到市场的复杂和不确定，因为可口可乐这个产品本身就是不确定性的产物。第二，可口可乐在不断地拥抱改变。从药用糖浆到添加苏打水变成碳酸饮料，从甜蜜的代言人到开发出无糖的新一代产品，可口可乐一直在用不断地变化应对市场的瞬息万变。第三，可口可乐用巧妙的营销策略让自己的品牌形象深入人心。如果提到圣诞老人，大家会想到一个穿红衣戴红帽的和蔼老爷爷，其实这不是圣诞老人本来的形象，而是可口可乐在 1931 年圣诞促销活动的产物。当年,可口可乐公司找一位画家设计圣诞老人形象，并且坚持圣诞老人皮毛大衣的颜色必须是明亮的红色，因为那是可口可乐产品包装的颜色。

2

我们看到了一家企业面对世界的不确定性所采取的办法，那么对于我们个人，我认为也有三点应该努力去做到。

第一点，保持开放的心态，不断地去改变、调整、应对。我们身边每天都有层出不穷的新事物，也会有不断升级的新知识。如果我们不能保持一个开放的心态，总是盲目拒绝新事物或者拒绝改变自己，最后的结果只能是你连这个世界说什么都听不懂，更不要说参与其中。长期主义，不能简单地理解成“坚持”，你在错误的事情上坚持越久，你反而会越受挫；长期主义，也不是闭门造车，不是简单的“不放弃”，许多时候那些牛人反而是放弃了自己之前的一些错误的路线，在新的跑道上有了更好的机会；长期主义，也不是坚守初衷，有些时候初衷明明是错的，如果你一开始的目标并不完全正确，你需要做的就是及时去调整，去改变自己的方向。

我们常常讲要不忘初心，我觉得这个初心与其说是最初的目的，不如说是一种初学者的心态。这种心态就像婴儿看世界的好奇心，是对未知领域的求知欲，在求知的过程中随时都能发现改变、努力改变和适应改变。

第二点，我们应该始终把自己的前途命运融入时代的脉搏，这才是真正的长期主义。长期主义不是做出这个时代的正确选择，而是你应该将时间线拉长，穿过时间周期去看待现在，从未来发展的角度来审视和评价你的决策，做出对你的未来更有利的选择。

所谓长期主义，并不是一种价值观，而是方法论，我们只有在正确判断未来之后，坚定地努力下去，才能有所收获。“长期”除了时间的长短，关键是要学会发现事物发展在时间线上的波动和走向，做一个长期主义者，并不是忍受枯燥去坚持做一件大事，而是要在应对各种不确定因素上做好万全的准备，做好每一件小事。

第三点，我们应该打造自己的品牌，留下自己独一无二的个人印记。在这个不确定的世界，在这个多变的市场，从来不缺产品，而缺的是品牌。对于个人来说，可能我们无法像可口可乐那样为这个世界凭空创造出一个圣诞老人的形象，但是在未来，我们每一个人都应该将自己当成一个品牌去打造，建立自己独特的 IP，建立能被别人识别的属于自己的标签组，这一切将构成你自己的品牌。因为不管外界发生什么变化，品牌形象都不会轻易被撼动，这是因为品牌中包含着多元的信息和内涵。当你把自己打造成一个品牌，你就不再是芸芸众生中的一个普通形象，而是一个有代表性的符号和印记，你的名字将会成为你可预期价值和无限可能性的代名词。大家一提到你，就会想到这个人特点如何，这个人哪方面能力强，这个人做事风格如何，等等。这些品牌形象的建立将对你个人职业生涯的发展起着至关重要的作用。

正如有人所说：一个人 35 岁以后就不应该靠简历找工作了，因为 35 岁以后的你应该已经在自己的细分领域打造出了自己的品牌，已能彰显出独特的个人魅力，散发出巨大的光芒了。

3

如果我们可以做到以上三点，毋庸置疑，就已经可以在不确定的世界中牢牢掌握住主动权了，但这还不够，仿佛某种涉及灵魂的东西被我们忽视了，那就是激情。我一直都在思考关于热情的问题，到底是应该“do what you love？”，还是“love what you do？”。我们到底是做你所爱？还是爱你所做？人们对一件事的热情是否真实存在？

直到最近，我读了《优秀到不能被忽视》。这本书的作者做了大量的统计研究，发现一个问题——很长一段时间以来，我们都被一种理论误导了：所有人都不断地讲我们每个人都有与生俱来的激情，你唯一需要做的就是找到你的激情所在，然后一辈子在事业中去发现激情。听起来似乎非常正确，这个理论近乎完美。但是越完美的东西，往往存在的矛盾和非现实的东西越致命。

激情理论，在过去也被当作长期主义来看待，我们可以仔细地想一想，真的有与生俱来的激情吗？ 想得到答案，先让我们一起回归现实。不知道大家有没有发现这样一种情况，很多年轻人发现自己喜欢的东西很多，兴趣非常广泛，今天喜欢这个，明天又喜欢那个。还有一种情况似乎更加普遍：感觉自己特别喜欢做一件事，结果做了两天觉得好累，便又不喜欢了。就像高考之后选择了某个大学的某个专业，觉得自己特别喜欢，结果去了之后发现根本和自己想象的不是一回事，立刻就一点儿兴趣都没有了。又比如找工作，原本觉得进入了梦寐以求的行业，真正从事了之后才发现这根本就不是自己喜欢的。这些情况不禁让人怀疑，所谓的preexisting passion，也即“事先存在的热情”是否真的存在。很多时候，人们总觉得热情是要去发现的，就好像热情这种东西被深埋在地下，如果不用力去挖一挖，它就难以见到天日一样，所以才会有激情理论的出现。我却觉得，与其去发现热情，不如去培养热情，我发现喜爱自己工作的人都有这样几个特点：

第一，他对自己的工作有比较强的自主力。他可以选择什么时候和谁做什么，对工作的掌控力特别强。这些人不需要去坐班、打卡，他之所以热爱这个工作，是因为他可以决定自己做什么、不做什么和以什么方式去做。 第二，他在自己所做的工作里面能找到存在感。他觉得做这件事情是有价值，有意义的。第三，他所做的工作会带来丰厚的回报。

这三个特点不是天生就有的，它需要你用职场资本去换取。很多人一个工作干了一段时间就放弃了，他觉得这不是自己热爱的工作。比如很多人很羡慕自媒体博主，觉得他们有自主力、有回报，也很有成就感，但是他们没有考虑到，这种工作前期可能完全没有经济回报，这需要做的人耐力足够强大，忍受得了寂寞，只有当他积攒了足够的职场资本后，才有可能找到热情的出口，同时获得稳定的收入。这一切都在说明，所谓事先存在的热情可能并不存在。比如我小时候并没想到会当老师，那时候我甚至有点讨厌老师这个职业，可能由于那时候我比较调皮，总是被老师骂吧。没想到做了老师以后，我发现自己还挺喜欢这个职业。因为老师这个职业对我来说刚好符合以上的三个特点，也因为我天生就比较喜欢表达，于是才有了现在的我。后来我就想，我既然具备了这些特点，难道不能当个主持人吗？于是我开始做一些主持的工作；难道我不能去参加辩论吗？ 于是我参加了辩论节目；难道我不能当作家吗？于是我坚持写书，去分享我的学习和感悟。所以，不一定有事先存在的热情。真相往往是我们喜欢的工作是由“自主力 + 意义 + 回馈”所组成的。长期主义告诉我们，我们做事既要有热情，更要始终保持开放的态度。

也就是说，千万不要凭感觉去喜欢一个工作或者行业，否则也许你前期超级有热情，也许你全力以赴，然而最后却发现这个行业渐渐被时代淘汰，你之前付出的努力也就无法获得相应的回报，你对这份工作的热情自然也烟消云散……我们需要做的是，理性地思考某个职业的前景与特点，然后结合自身的优势去从事这份工作，然后在自主的工作中找到它的意义，并通过丰厚的回馈来激发自己的热情。

4

这么多年来，我在职场见过很多人，明明非常有才华，却因为认知的缺失而进入错误的行业，埋没了自己的才华，真的很可惜。比如有一些在非常好的公立学校任教的老师，跟我抱怨自己收入不够高，我建议他们可以尝试着在网络授课，或者从公立学校体系出来，到薪资更高的机构任教。但他既不愿意付出额外的劳动，又舍不得所谓的稳定。所以我想说的是，如果你真的满足现状，也没有那么大的欲望和野心，那么就不要抱怨，也不要去羡慕别人。但我相信，打开这本书的你，肯定不是这样的人。

我希望大家千万不要做一方面在不断抱怨，另外一方面又害怕改变的人，不要成为自己虚假热情的奴隶。在面临找工作这样的事时，我们需要分析判断自己的选择到底是否符合未来的趋势。也不是说所有传统的事情都应该抛弃，比如相声就很传统，但它符合未来的趋势。因为人工智能写不出经典的笑话，而要想获得情感的共鸣，只能从人类那里。

长期主义告诉我们，不应该盲目地相信自己的热情，热情是做好一件事的必要因素，但不是决定因素。有热情没有错，但你应该反思一下你的热情是否能符合趋势。通过这么多年的职场生涯，我发现热情其实并不存在于某个职业当中。热情是一种生活方式，或者是一种工作的状态，而这种状态在不同工作中的能量并不统一。 比如我去讲课、去辩论的时候状态非常好，非常有热情，但我写作的时候，思路很快，打字的速度却赶不上思路，热情显然不足。

所以，热情是个大圈，技能是个小圈，只有将热情和技能相结合，才能把我们身上的能量发挥到最大。

面对世界的不确定性，长期主义不是傻傻的坚持，更不是故步自封。而是保持开放的心态，去做从未来看正确的事情，不满足于即刻的反馈和满足，在选择对的目标的情况下，长期地、坚持地去做好每一个细节、每一件小事。哪怕需要更换跑道，新跑道也能让自己的能力有更大的发挥空间，而不是将过去全盘否定。让自己从一个机会影响另一个机会，从一次成功走向另一次成功。 如果说人生有一套算法，那么世界的不确定就是最大的变量；如果说一个人的成就真的有什么公式的话，那就是：世界的不确定 × 核心价值 ×（长期主义）^{n}。

长期主义才是实现你人生价值最大化的那个关键变量。那些了不起的人类创造的伟大，其实就是在长期主义的复利下，将微小的平凡变成不可思议的奇迹。用长期主义去拥抱这个世界不确定的人，必将满载而归。

02

<<<<< 第 二 章 >>>>>

找准坐标，让你的人生之路永不偏航

我们要向高人学习的，就是他如何在关键时刻做出了关键决定，他到底拥有了怎么样的分析能力和判断能力。所以，既要高人指路，也要自己领悟。

要改变不要定义 >>>>>>

如果有一个人跟你说：“你知道吗？我最近很迷茫。”你对他的第一感觉是什么？如果你没有见到这个人，而只是听到他说自己很迷茫，你大概会觉得他很痛苦。因为在我们很多人的刻板印象中，迷茫就约等于痛苦。

我在多次旅行当中，最容易碰到的一类人，就是找不到自己的人，他们非常迷茫，最后选择出来旅行。大概旅行可以帮助他们找到自己吧……我想他们所谓的迷茫，是不知道自己是谁；他们口中的迷茫，就像是失去了人生的方向……无论是我在非洲大草原上见到的英国小伙子，还是在阿根廷布宜诺斯艾利斯遇见的日本大叔，他们都在表达同一种感受：我很迷茫。但是，他们并不痛苦，因为迷茫并不等同于痛苦。事实上，我旅行的时候见到的那些说自己迷茫的人，他们也都挺开心的。

我觉得迷茫并不是一件坏事。因为迷茫就像是对这个未知世界充满懵懵懂懂的好奇，我们不应该把好奇心当成一件坏事。那么，一个人为什么会迷茫呢？在许多人看来，迷茫可能是因为不知道“我是谁”。可是，我很想问一句：知道“我是谁”有那么重要吗？

1

很多人似乎特别想给“我是谁”找到一个固定、确定以及肯定的答案，想要为自己定性。仿佛只要确定了“我是谁”，就一辈子不用改变，而一旦发生改变，就会感到非常可怕。我认为改变并不可怕，经常有朋友跟我说，他非常难受，因为他小时候的朋友说他变了。如果换作我的话，我会觉得很开心。人就应该变才对，如果 10 年前和 10 年后的你还是一模一样，这会是多么枯燥的生活。

事实上，如果一年前的你和现在的你一模一样，或者说你不觉得一年前的自己很傻的话，那就说明现在的你还是很傻，因为这意味着你没有任何进步和改变。人生并不是一成不变的固态，其实是一个不断化为液态的过程，没有必要给自己下一个终身的定义——比如说“我是谁”。就好像这个不确定的世界一样，我们每一个人也应该在变化当中寻找自己的变量，不必轻易地给自己下定义。

事实上，如果你真的能回答清楚“我是谁”这个问题，你大概已经是古往今来最牛的哲学家了。因为几乎所有的哲学家都在探讨这个问题，而他们探讨了两三千年都没有得出一个明确的答案，所以你干吗为此而焦虑？为什么要在二三十岁的时候就定义自己呢？“我是谁？”不是想出来的，是活出来的，需要在成长的路上不断跋涉，经历艰难与险阻，承受挫折和磨砺，唯有在欢笑与泪水中才能领悟到你是谁，才能找到你想要的东西，才能体现出你存在的价值。

2

我听过一个故事。有一个刚刚高中毕业的男生给杨绛先生写信，信中抒发了对她才华的仰慕，也表达了对自己人生的困惑。杨绛先生也给年轻人写了回信，除了必要的关怀和寒暄，关于他的困惑，先生也给出了解答，用八个字一针见血地指出了年轻人的问题：想法太多，读书太少。

我们许多人都有人生困惑，而杨绛先生的这八个字所指出的，大概也是我们许多人存在的问题。如果不去行动，困惑就永远存在，永远无法得到答案。如果想要自己不再迷茫，那么就开始去寻找吧。

而寻找的最佳方式，就是去不断地扩大自己的边界，去见更多的人，去读更多的书，去走更多的路。就像古人所说的“吾尝终日而思矣，不如须臾之所学也；吾尝跂而望矣，不如登高之博见也”。翻译成大白话就是，读万卷书不如行万里路，行万里路不如阅人无数，阅人无数不如高人指路。

作为个体，我们注定会受到阅历不足的限制，在没有见多识广的前提下，即使想得再多，想得再久，想再多遍，也会有局限和遗漏的地方。如果有一位阅历丰富的高人，能用自己丰富的人生经验点拨我们，那将会对我们的人生轨迹产生重要的影响。其实，书籍就是一位阅历丰富的高人。读书可以让你从世界的壮阔中看到自己的渺小，也能让你在思考中获得强大的个人能量。而旅行跟读书一样，都是我们的灵魂与这个世界的对话，都能让我们构建不一样的精神世界，让你踩在巨人的肩膀上眺望整个宇宙。在读书过程中，我们一定要谨记，出发的目的是找到真正的自己，去充实真正的自己。

在读书或者旅行的过程中，这个“真正的自己”不断地升级、进化、丰富，才能立体起来。而不是一直让自己窝在一个窄小的空间里，不断地思考“我是谁”，不停地因为这个问题而焦虑、抑郁，这样的话，我们的边界只会越来越小，然后不断退化。你本来可以活成一个钻石，活成一个立方体，但你最后活成一个平面，甚至最后变成了一个小点。而这个点就成了你的人设、标签……如果我们的人生就这样被自己早早地定义，就这样被自己贴上各种标签，那无疑是在自我设置条框和界限。我们应该做的，是把小小的点聚合成一个面，再聚合成一个立体，然后在这个不确定的世界中，去变化，去伸展……最后，活出自己的形状。

当然，人不能一辈子总是变来变去，比如今天我是一个英语老师，明天就变成一个理发师，后天又变成一个水管工，大后天变成程序员……这样变来变去恐怕什么都做不好啊。那么，有没有不变的东西呢？我的答案是：有。这个不变的东西就是“我为谁而活”，或者说我希望这个世界变成什么样子。世界虽然在变，但我希望自己保持与世界的联系，并为这个世界做一些有意义的事情是不变的。没有人是一座孤岛，如果你想要在这个世界存活，就要与他人建立联系，且必须想办法为别人提供服务。

那么问题来了：到底要为谁提供服务？怎么去提供服务？ 答案是四个字：因人而异。曾经有人做过一个有趣的分类，关于“你到底适合做什么”这件事。你适合从事什么样的工作取决于你对一个问题的回答，这个问题就是：你觉得人能不能被改变？如果你坚定不移地相信江山易改本性难移，人是无法改变的，他们需要被管理，那你就应该去从政；如果你觉得人是可以改变的，但你不想和人打交道，那你可以学建筑；如果你觉得人是无法被改变的，但是他们需要被安慰，你可以去做心理咨询师；如果你相信人是可以被改变的，那么欢迎做教师……

我见过很多人，明明不相信人是可以改变的，还来当老师，结果让自己很痛苦，因为这个工作跟他的观念并不符合，教师这个职业对他来说只是一个差事而已。

所以，我们其实可以从一个小的维度来判断自己到底应该为了什么工作，当然这只是一个小小的建议。之所以说这是一个小的维度，是因为这不是一个万能的公式。我们也有其他可以借助的工具，也有一些可以量化的测试指标，比如 MBTI(Myers Briggs Type Indicator，迈尔斯类型指标）的职业性格测试和优势识别器。这些辅助工具都可以帮助我们更好地认知自己，进行相应的定位，更好地与这个世界进行联系。

3

如何知道自己合适做什么？我这里重点推荐给大家一个方法，叫作"高光时刻"，这其实是心理学中的一个训练方法。心理学中有许多流派，也有许多治疗方法，大多数是帮助人来分析问题的。比如你现在状态不好，原因是出现了某种心理问题，这时心理医生会反复帮你回忆过去，去分析你的童年阴影、情感创伤等等。于是，你痛苦地回忆了小时候如何没有安全感，你爸妈对你的教育方式可能太过武断，你的中学班主任和你的前任都没发现你的优点，可是分析来分析去，得出的结论是：你现在状态不好，是因为原生家庭不好，爸妈没有给你足够的陪伴，所以你现在干啥啥不成，碌碌无为，没有自信。可是，把原因找出来了有什么用呢？知道了自己"为什么不行"之后，我们能回到过去让一切重新开始吗？

当然不能。但是我们可以选择自己未来想要过什么样的生活，每个人都可以选择自己的未来，关键就在于改变自己看待世界的方式，心理学上把这个叫作“调整认知”。而这个认知方式就是把“我为什么不行”，变成“我为什么能行”。同样是回顾过去，把回想那些童年阴影、情感创伤，换成审视自己过去人生中的“高光时刻”，去回想自己做得最舒服的事情、最开心的事情、最骄傲的事情，回忆那些让你觉得振奋、自豪、幸福、喜悦、震撼的巅峰时刻，比如在什么样的比赛里拿到了名次，是田径运动会还是演讲比赛；或者说在某一次的社团活动当中，感觉自己能够发光发热，或者自己在做哪些事情的时候，可以进入完全的心流的状态……做完这样的回顾后，你也许会发现，有一些小事，你可以完全不在乎那件事的即刻回报，而只在乎这件事情能给你带来的纯粹开心。那时候的你，就是距离你最近和最想做的自己。

我自己其实也做过很多尝试。大学学了计算机，所以我做过程序员；毕业后做过销售；也曾去一些汽车企业面试过……尝试，是因为想体验一下各种人生。但我发现，在这些不同的体验中，给了我最高光、巅峰的体验的，是老师这个职业，是演讲者这个角色，当我在向别人表达一些东西的时候，有一种发自内心的幸福感。有人会说，这有什么呀？不就是嘚吧嘚嘴碎吗！确实，如果你非要这么说也行，但就是有这样一个人，每天早上6:30起床，在直播平台上直播教英语一个小时，不求任何回报，纯粹去享受这一切，完全进入了心流的状态，这个人就是我。如果你也曾和我一样找到了一件能被你视为“享受”的事，我想那一定是你充满了效能感和使命感的最佳生命状态。

人，生而不同。我们都有与生俱来的天赋，每个人都千差万别，你不一定非要为了全面发展，去做自己不擅长的事情。比如，让乔布斯去学习乔丹打篮球，这有意义吗？很多时候，全面发展相当于全面平庸。我们没有必要在自己不擅长、不适合的事情上浪费太多的时间和精力，反而应该找到自己最擅长的那一块，然后去把它发挥到极致，超越人生极限，让自己不断地体验“高光时刻”。

4

之前，有一则社会新闻让我记忆深刻：从 2018 年起，河北唐山逐步取消多个高速公路收费站，保留下的收费站也以 ETC 为主，人工收费变成辅助。对于开车的人来说，这是一件天大的好事，因为省事，也省了时间，但是对于高速公路收费员来说，他们的生活就在这一夕之间发生了巨大的改变。一位 45 岁的收费员大姐说出了心里话：“我除了收费什么都不会干。” 也许这些大姐自从进入收费站那天起，就觉得自己找了个可以干到退休的工作，从来没有想到过有一天会下岗，更没有想到过，人的工作会被机器取代。这一切都变得太快了。

再比如说会计，这曾经是许多人报考的热门专业。可如今，清华大学取消了会计学本科专业的招生，原因是单纯的会计工作今后将被人工智能记账所取代。会计专业已经不是夕阳，而是夜晚降临。在当前的社会分工中，我们每一个人就像是一颗螺丝钉，但是在未来，许多螺丝钉行业可能逐步被人工智能取代。这就意味着，如果你的想法还是局限在单纯地做一颗螺丝钉的话，那么发展的空间只会越来越窄，而你个人也只会越来越迷茫。那些只盯住自己一亩三分地的人，注定没有办法看到大局，要面临着被未来时代淘汰的命运。

不想只做一颗螺丝钉，就需要我们尽可能地拓宽自己的人生边界，最好的方法就是要先改变思路，将螺丝钉式的工具思维转化成解决问题的整体思维。也许你会说，我是一个职场人，我本来就是颗螺丝钉。但是你也要避免做一颗最下层、最容易被取代的螺丝钉。作为一个普通员工，我们也需要站在主人翁的角度去思考，不仅仅关注本部门的工作，还要去努力了解每个部门甚至整个公司的运转。这样才能够构建解决问题的思维模型，更好地在工作中发现问题，站在部门领导甚至更高的层面去解决问题。

在我开始当老师的第一年，每天中午我都会请不同部门的人吃饭。

这并不是因为我天生热爱社交，而是因为我想了解一下整个公司，我觉得身为一个老师，我不是完成自己的教学任务就可以了，也得了解一下客服、后勤、财务、人力资源的同事们的工作内容都是什么。因为我知道，要构建解决问题的整体思维，我需要去获得整体信息。如果连整体都没见过，谈何思考整体；如果连整体都不了解，谈何发现问题，解决问题呢。

所以想方设法获取整体信息才是关键，信息获取多了你自然就会构建出能够解决问题的整体思维。当你开始把“我是谁”的概念不断放大，开始站在更大的维度、更高的高度、更广阔的空间上来思考“我是谁”的问题，不断地发现“我是谁”，更新“我是谁”，完善“我是谁”……这时候，我们大概就可以找到一个更好的自己，给我们人生一个满意的回答。

方向和导航，一个都不能少 >>>>>>>

以前听过一个故事。在沙漠深处有一片美丽的绿洲，在那里居住的人千百年来从未走出过这片沙漠。他们尝试过无数次，但就是走不出去。后来村里来了一个探险家，跟绿洲里的原住民说，自己只用了三天就进来了。原住民听说之后很兴奋，就带着干粮和水再次上路了，结果在沙漠中走了 15 天也没有找到出去的路，又回到了原来的出发点。结果还是探险家发现了问题：他们走不出去是因为他们一走进沙漠就失去了方向，一直在原地打转。然后，探险家对原住民们说，你们每天晚上朝着北斗星的方向前进，永远也不要偏离那七颗星星。结果三天以后，这群祖祖辈辈都生活在荒漠绿洲中的人，终于走了出去。

走不出去的是苟且，走出去的才是远方。

1

既然我们决定要出发，那么就要先找到远方的坐标，这时候，我们需要一个合适的导航，来不断校准自己的方向，这样才能在黑夜中穿越沙漠，准确地到达远方。在这里我免不了又要提到那句“读万卷书，行万里路”的老话。如果你书读得够多，你也许就会跟我一样，发现一个很神奇的事情——古往今来所有能成就一番事业的人都有一个导师。这个导师，是他通往成功航程上的灯塔，照亮他前进的路，让他循着光的方向，胜利到达彼岸，不会触礁，不会搁浅，更不会迷失方向。

股神巴菲特这么厉害的人物，他背后也有一位高人。按照巴菲特儿子的话来说，他觉得他父亲只是这个世界上第二聪明的人，查理・芒格才是最有智慧的股神。查理·芒格是巴菲特的搭档，巴菲特曾经这样说，“查里拓宽了我的视野，让我以非比寻常的速度，从猩猩进化到人类，没有查理我会比现在贫穷得多。”如果说巴菲特在投资方面更专注，那么查理・芒格这位背后高人在投资领域之外更是贯通了太多门学科，甚至对中国文化也有所涉猎，他最推崇的就是孔子。如果说查理·芒格这位高人，跟孔子这位来自书里的高人有什么相同之处的话，我觉得应该是这两点：一个是他们都推崇终身学习的精神，而且自己也沉醉其中；另一个是他们都有诲人不倦的精神，非常乐于把自己的阅历、经验和学习方法传授给别人。

有人说，人类的每一步发展都是在先辈知识基础上的迭代。所以，我们更应该去学习“高人”的思想智慧，应该找到一位属于自己的精神导师，学习高人，对标偶像，这样才能更好地把握前进的方向。因为我是一名老师，我对标和学习的高人就是伟大的导师——孔子。孔子作为一代圣人，他周游列国，有教无类，带着弟子们不断地去为世人解答疑惑，也不断地进行自我反省。有的人可能要吐槽我：你这个目标厉害啊，孔子！圣人！你咋不上天呢？我是这样想的：既然是目标，是航向，是要冲向远方，这个目标一开始就要定得高一点。因为你的目标一旦定得低了，万一实现了怎么办？这当然是一句玩笑话。王尔德曾经说过，人生有两大悲剧：一个是得不到想要的东西，另一个是得到了想要的东西。所以我说，一个人的目标就应该定得很高，很远大，很完美。因为所有的长期主义者的目标都是不容易实现的，一旦实现了，你就会失去努力的方向了。比如，每一个企业都有自己的使命和目标，阿里巴巴的使命是：让天下没有难做的生意。大家想一想，天下怎么可能没有难做的生意呢？但是有目标就很好，一个看起来无法企及的目标，就是可以用一生去追寻的事业。在阿里巴巴是否要继续阿里云这个项目的时候，内部产生了重要的分歧，最后拍板决定做下去的原因，也是只有让中小微企业也实现云办公，才能实现那个更大的目标——让天下没有难做的生意。

有了长远的目标，即便是在面临重要决策的时候，依然可以根据长远目标帮助自己做决策，而不会被短期目标所左右。目标长远，才不会被眼前的困难绊倒，更不会被短期利益蒙蔽双眼，唯有志存高远、持之以恒，方能取得巨大成功。

2

在古代，一个人想要得到高人指点可能要历尽千辛万苦，走遍千山万水，可是在今天，互联网和书籍让我们离高人的距离近了许多，不管是时间上，还是空间上，我们都能够跟牛人去交流，得到高人的指点。那么，在网上四处充斥着“99 元大师课”的今天，什么样的人才是真正的高人呢？

首先，从时间这个维度看，一个高人，一定要经得起时间的考验。真正的大师和高人，一定是在经过时间的沉淀后，依然能在巨变来临时为社会、企业、个人指引正确的方向的人。一个只在自己一生当中伟大的人不算真正的伟大，能够在历史的长河里，在时代发展的进程中，展现自己的伟大，才是真正的伟大。而且我觉得，一个人是否真有本事，也需要看他是不是在不同时期内都能够获得成功。如果一个人只是因为某个机缘一炮而红，然后很快销声匿迹，也许说明他的才华有限，只能让他昙花一现；但是如果一个人能够长期在某个领域不断地有所成就，那么一定有他的过人之处。

其次，真正的高人一定不是通过指点别人来赚钱的。在这里我不怕被骂，也不怕得罪人，我可以负责任地告诉大家，那种上来就要收你几十万学费的人肯定是忽悠大师，一定要小心了。还有一种总是特别强调圈子，但不强调方法的人，在我看来也是不靠谱的。

最后，真正的高人都有属于自己的一套成熟的理论体系。许多所谓大师都是用别人的理论来支撑自己的观点，而不是创造自己独有的东西，真正让自己立起来。这种所谓的理论体系，只是一种拼凑，一种信息的堆砌，缺乏终极意义和本质意义上的思考。

真正的高人、大师，一定是在内心深处形成了大智慧、大见识、大境界的人，这是独属于他的创造，是不可复制，也是不可逾越的。

3

想要找到真正的高人，就要接近高人，离他们近一些，更近一些。只有这样才能听其言，观其行，悟其法，学其招。

对于古代的大师，我们需要进行深度学习——去反复阅读他们的经典著作，去感知他们的理论和思想境界。反复阅读并不是让你死记硬背，更不是要你跪着读大师的理论，最后去生搬硬套。死记硬背的东西永远变不成你的知识，只能算是零散分布在你脑海中的碎片化信息。我们要学习的是经典著作中系统化的知识，更重要的是，我们要建立自己的系统化的知识框架。你可以先把大师们的知识框架作为自己的知识框架，然后在今后的不断学习和认知提升的过程中，不断地添加新的内容进去，经过时间的沉淀，属于你自己的知识框架就形成了。

如果说古代大师我们只能从思想层面上去接近，那么对于同时代的高人，我们应该想办法在物理层面上去接近。我不赞同花很多钱去上那些大师的成功学培训班，但是你可以通过参加他们的线下讲座，线上的应聘，离他们稍微近一些。为了接近他们，也许你要付出很多，比如说去参加他们的论坛，或者去参加他们的新书发布会，甚至去参加他们公司的面试。当你为了这种物理层面上的接近，不管是攒钱去买机票、买门票，还是早起学习去提升自己，你都已经开始慢慢发生变化。我有个做游戏行业的朋友，他就特别崇拜某个牛人，他选择先让自己有一定的实力，有了这个前提，再去找机会跟牛人进行近距离接触，看他的比赛，参加他的论坛，让牛人对他有印象。我可以负责任地告诉大家，如果你真的是一个“有料”的新人，牛人是会非常关注你的。

不知道大家发现没有，很多牛人最后都成了投资人，因为从功利角度来讲，牛人也想认识“潜力股”，也想在一堆沙子中淘到金子，也想投资有前景的新人，这样将来他也能够赚取回报。与此同时，你应该努力让自己配得上牛人的赏识。这是一个十分简单的道理——黄金法则。如果你只是抱着纯粉丝的心态冲上去，对高人说："请给我签个名。"你们的联系可能也就只能到这里了。但如果你能让高人觉得你也是一块好料子，他会赶紧抓住你，让你赶紧变成金子去发光。

我现在也算半个小牛人，所以我理解为什么大佬都希望能够认识更多有潜力、有希望的人。比如说 36 氪的创始人刘成城，他现在就在转型做投资人，希望能认识更多的年轻创业者。我现在正在帮他设计一个节目，目的就是找到值得投资的年轻人。年轻人想要得到牛人的赏识，还需要做好万全的准备，因为亲身接近高人的机会相当难得。著名的咨询公司麦肯锡有一个"30 秒电梯法则"，这个法则就是要求公司员工凡事要直奔主题、直奔结果，在最短的时间内把结果表达清楚，为达到这个目的，很重要的一点就是，陈述观点时，一定要归纳在三条以内，因为在一般情况下人们最多只能记得住一二三点，记不住四五六七条。

这当然不是要求我们每个人都要准备一个项目，随时准备见到老板时去说，但起码你应该做一个准备——假设有一天你与上级能有机会接触的话，你怎么能将心中的愿景、观点表达给对方知道呢？大部分人总是抱怨自己没有机会，但其实机会一直在你身边，只是你没有看见而已，或者说你没有做任何的准备。

4

有的人说，高人指路不如自己领悟。自己领悟跟高人指路哪一个更重要我们先不谈，但是千万不能觉得只要和高人近距离接触过就能成事。有的人，人生唯一目标就是和牛人近距离接触，然后四处吹牛，最后就会变成大家比较讨厌的“混圈狗”。有一部很火的电视剧《三十而已》不知道大家看过没有，里面王曼妮那个相亲对象“金融男”，就是典型的“混圈狗”，明明大咖都不认识他，还要让王曼妮帮他和人家合影，还比画着各种姿势，拍完之后就发朋友圈炫耀。他看起来非常的鸡贼、油腻和庸俗。这种人就把和高人接触，寻找导师的愿景理解错了，他以为有了这种物理接触就是真的接触到了，内心觉得得到大佬提携指日可待，其实完全不是那么回事。“混圈狗”的心态完全不能有，如果你总是想接近高人，但你这个人压根儿配不上别人对你的关心，那么这种接近就没有任何意义。

查理·芒格的那句话说得特别对，要得到你想要的某样东西，最可靠的办法是让你自己配得上它。所以我们即使离高人比较远，我们也可以从他身上学到很多东西。生活中有太多问题，在人生之路上你也会面临更多的选择，看看高人们在人生的紧要关头都做出了哪些更明智的抉择，可能对解决我们的问题更有建设性。

有人说，人生需要做出重要抉择的时刻不超过七个，你选对了，接下来的人生可能平步青云，事半功倍；选错了，你可能就需要付出很大代价。比如美团点评的创始人王兴。有人评价王兴的创业历程像持久战，美团的上市只是这场战役中的一场小胜利。让我们来看看他那些人生中的关键时刻：天资过人的王兴高中毕业后被保送清华大学电子系，毕业之后赴美攻读博士学位，如果按照惯常套路，他应该留在美国娶妻生子，过上“蓝天白云，有车有房，后院泳池”的中产阶级生活……可是王兴的选择是：博士不读了，杀回北京，投入互联网创业的大潮。在做社交网站两次受挫后，王兴选择做团购网站，因为他深刻地认识到，改变世界的理想必须跟具体的商业管理规则结合起来。随后几年，在其他互联网巨头在团购领域打价格战的时候,美团没有冒进,而是选择捂紧钱袋子。后来，我们就看到王兴带着美团进军了电影票、酒店、外卖、打车甚至新零售市场。他一直是勇立潮头，也一直在面临抉择，更是一直在不断出击，开疆辟土。

我们要向高人学习的，就是他如何在关键时刻做出了关键决定，他到底拥有了怎么样的分析能力和判断能力。所以，既要高人指路，也要自己领悟。学习大师的目的不是为了让你亦步亦趋，完全相信大师，而是要构建属于我们自己的知识体系，提升我们自己的决策力和判断力。读书是读不出来别人的成绩的，努力和奋斗这样的事情还得靠自己。

2020 年的夏天，有这样一则新闻：6 月 23 日，西昌卫星发射中心发射了一颗卫星，这颗卫星是北斗三号卫星导航系统的最后一颗组网卫星。我们国家耗时 26 年，总共发射了 55 颗卫星，在天上编织了一张叫作北斗的网。在未来，这张网将在宇宙中为地球上的无数人导航，让他们无论身在何处，都不会迷失方向。这个世界上，关于变化的故事我们已经听过太多太多，最有力量的，一直是人类长期坚持着去做的那些事。人生前路未知，下一步等着我们的，可能是沙漠戈壁，可能是风暴海洋，可能是无底深渊……指引我们前路的，是精准的导航系统；不变的，是心中的方向。

学习就是清晨 6 点 30 分的你 >>>>>>

清晨 6 点 30 分，你在做什么？有的人还在沉睡，有的人正在清醒，有的人在遛狗、晨练、做早餐，有的人已经站在地铁站排队，伴随着早高峰乘风破浪，开启新一天的征程……

每天早上 6 点 30 分，我都会在线上跟大家一起晨读。总有人问我：老师，你教的课程是几年级的呀？而我总是回答：几年级的都可以学。这是真的，我发现每天早上跟我一起晨读的人什么年龄的都有：有 6 岁的一年级小学生，有 18 岁的大学生，还有六七十岁的爷爷奶奶……

可见，学习这件事情跟年龄没有关系，学习的内容也跟年龄没有关系。坚持学习的人永远年轻。

1

我想问问大家，你们觉得学习最大的障碍是什么？ 你也许会说学习最大的障碍是懒惰，是无知，是无法集中注意力……我认为这些都是表象，实质上，学习最大的障碍就是自满。自满的人会觉得自己什么都知道，什么都懂，不需要再去学习、探索了，因为他们认为这个世界就是“这个样子”而已，世间万物不过是“那么一回事”罢了。觉得自己什么都懂了，这是一件会让人无法进步的事情，因为连苏格拉底都说：我唯一知道的事情就是我什么都不知道。对于这个世界，我们应该始终保持好奇心。

2020 年的夏天，曾经红遍大江南北的“水木年华”组合参加了一个综艺节目《乐队的夏天》。在节目里，他们演唱了一首叫《再见，青春》的歌，这首歌让他们重新成为众人瞩目的焦点，在媒体和社交平台上引起了热烈的讨论。但成为焦点不是因为音乐本身，这首歌在节目里并没有赢得评委的青睐，他们在一轮比赛之后就惨遭淘汰。甚至有乐评人说“水木年华”一把年纪还来唱青春，带着中年人的油腻无法打动听众……可是恕我直言，油腻跟年龄关系不大，实际上，跟你的大脑关联很大，认为年纪大就是油腻，这种说法本身就是油滑的表现。那么，什么是油腻？年过四十但谦逊平和的人，绝不会“油”，二十出头就好为人师的人，却一定是“腻”。那种自以为是、夜郎自大的态度，才是真正的油腻。

据我观察，“油腻”的人最喜欢到处卖弄知识，时常在他人面前以自己懂得多来刷存在感，还会倚老卖老，动不动就要给年轻人传授人生经验。而那些能够让人感觉“清爽”的人，往往是不卖弄、不自满、不自大，始终抱着半杯心态，不放弃学习，能够不断取得进步的人。

2

许多事情都是说起来容易，做起来其实真的很难。很多时候，我们自我的价值感和存在感都来自已有的认知。一旦哪一天你知道这个已有认知是假的、错的，就很容易让自己陷入彻底的自我否定。

有人说："我们总是拼尽全力去扮演一个理智的成年人，可内心好像每一秒都在崩溃。"当一个人突然觉得自己很弱很渺小时，会随时随地因为自己的无知而痛苦—— 听到别人在谈论区块链的时候，自己却一无所知；听到别人年纪轻轻已走上人生的巅峰的时候，心中羡慕到不敢说话……痛苦之后，对陌生领域望而却步，想想还是在自己的领域待着就很好，何苦为难自己呢？所以就放弃了去了解未知的领域。因为那些陌生的术语和词汇，都好像高高在上的牛人一样无法企及。这样真的好吗？这样岂不变成把头藏在沙子里的鸵鸟，自己骗自己？那到底应该怎么办呢？

不知道大家有没有听说过两种思维模式。一种叫作成长型思维模式，这种思维模式认为：智力天赋对一个人来说只是起点，通过不断努力不断提升，我们都可以变得更好。另一种叫固定型思维模式，这种思维模式认为：人的智力是天生的，后天无法改变。这两种思维模式的研究者，斯坦福大学的心理学教授卡罗尔·德韦克，在美国 13 个高中进行了一项实验：把一群学习不太好的孩子分成了两组，一组只跟他们讲如何提高记忆力，而另外一组，除了学习如何提高记忆力，还学习关于成长型思维的在线课程。三个月后，额外学习成长型思维课程的这一组孩子的成绩明显比另外一组有提高。随着时间的推移，这两组孩子的成绩差距越来越大。这说明了什么呢？说明成长型思维会让一个人更懂得学习，更能不断成长。同时也证明了：我们的思维模式是可以改变的，成长型的思维模式可以通过后天的训练来形成。那么，我们应该怎么做呢？

假设，如果你有一个孩子，你的孩子这次考试成绩特别棒，你会怎么夸他？在生活中我们会经常听到家长夸孩子，“你真聪明！”“你真棒！”而按照成长型思维模式，我们应该去夸孩子“你真努力”。因为“你真聪明”、“你真棒”或者“你是个天才”，这种贴标签式的称赞，只赞美孩子的天赋而忽视了他的努力，不利于他成长型思维的形成。而对孩子说“你真努力”，是在着重夸奖孩子努力学习的这种行为，而不是他先天的过人之处，这样他就会一直去努力学习，而不会觉得自己很聪明不用再努力了。晨读的时候，也会有一些人问我，“老师，你说我天天这么夸孩子，孩子骄傲了怎么办？”我的回答就是：放心，你那点夸还达不到让他骄傲的程度。所以，我们每一个人都应该为自己搭建一个成长型的平台，而不是困在一个固定型的思维模式里。要相信自己是可以成长的。

在这里我要跟大家讲一位摩西奶奶的故事。也许很多人都听说过她的名字，她是美国一个非常有名的画家，她在 76 岁的时候才开始创作，等到她 80 岁时，已经在纽约举办了个人画展，引起了巨大轰动。在摩西奶奶 94 岁那年，她登上了《时代周刊》的封面。我今天要讲的这个故事，是摩西奶奶 100 岁那年发生的事。1960 年，摩西奶奶收到一封信，写信的人是一个叫春水上行的日本青年。28 岁的他向摩西奶奶表达了自己的困惑：他从小就喜欢文学，长大后听从父母的意见做了一名医生，却对这一职业毫无兴趣。如今他仍然热爱文学，可是在这个年纪为了梦想而放弃稳定的工作，风险太大了。他问摩西奶奶：“一个人，28 岁才开始文学之路会不会太晚？”摩西奶奶为他画了一座谷仓，并送给他一句话：“做你喜欢做的事，上帝会高兴地帮你打开成功之门，哪怕你现在已经 80 岁了。”受到鼓励的春水上行开始写作，一生写了超过 50 部长篇小说，成为享誉世界的日本文豪。他就是我们现在熟知的大作家渡边淳一。

年龄和时间永远不是学习的障碍，只要你能够意识到自己的不足，并想做出改变，随时都可以开始。这种所谓的“空杯心态”就是成长型的思维。

3

如果你问我，学习的要素是什么？我觉得是 90% 的自信心加上 10% 的学习力。学习的核心素质就是自信心。因为当我们成年之后再去自学新的知识时，需要不断地鼓舞自己不要打退堂鼓，就算遇到难学的东西，也要努力去寻找适合自己的学习模式，不抛弃、不放弃，相信自己一定会学有所成。如果你没有这种自信心，很快就会开始怀疑自己的抉择，根本坚持不下去。

这种自信，与你的学历、家庭、经历毫无关系，是你作为一个人类而与生俱来的，但这种自信并不意味着你已经知道一切，而是意味着你将会知道一切。也许你会问：为什么我要有这种无条件的自信？因为我们人类的大脑真的无比神奇。其实从生理学角度看大脑的重量不过 1400g 左右，只占人体体重的 2%。但就是这个器官，居然能够探索宇宙的起源，思考人生的意义，可以去联想、计算、处理无数的信息……每一个脑细胞都具有记忆和存储功能，每个脑细胞的存储量都相当于一个 40G 硬盘。有人计算过，如果要把 40G 的硬盘装满，每分钟输入 200 字，连续不停地打字，需要持续输入 200 年。而这种容量的脑细胞，大脑里有 1000 亿个，大概占全部脑细胞数量的十分之一……这意味着，我们每个人本身就是一个蕴含无限财富的宝藏，我们需要做的就是不断去挖掘我们大脑的潜力。

只要相信自己可以做到，每个人都可以打开宝藏的大门。如果你现在觉得自己的心中有一把火在燃烧，觉得自己拥有这个世界上所有人都无法企及的力量，请记住这种感觉。请把它进行存档、备份，然后放到一边去，静下心来，好好学习。当你每次觉得自己要放弃的时候，当你觉得学习太苦、太累、太难的时候，请将你的备份拿出来，看看自己拥有的无数宝藏和无限潜能，然后振作精神重新出发。

这时，你可能要问，学习的要素 90% 是自信，那剩下的 10% 呢？剩下的 10% 是进步、提升，是每天进步一点点地去学习。如果说 90% 的自信是对自己满意，那这 10% 就是对自己的不满意。因为半杯心态的前提就是对自己不满意。很多人说自满是因为过度自信，而我却觉得自满其实是一种自卑。因为自满的人不敢去挑战自己，只敢在自己的那一杯水里面游泳，不敢去更大的水面上挑战。而自信的人才敢于始终挑战不同领域，或者是在同一领域持续深挖。

4

聊了这么多关于学习的障碍、学习的心态，以及学习的要素，那么我们到底应该用什么样的方式来学习呢？我这里有三点建议：

第一点，我们应该从基础的理论开始学起。万丈高楼平地起，所有的摩天大楼都是从地基开始修建的，所以我们也应该从某一领域的基本理论开始学起。这样我们不仅可以学习到知识，还能在学习的过程中，掌握学习的方法，找到自己擅长的领域。

深入学习某个领域的基础理论，就像别人所说的站在巨人的肩膀上，这有两个好处：一个是更容易利用巨人的成果去创新。虽然有时候你想到的创新也许早已经被历史上的牛人创造完了，但是你可以通过内化，将前人的想法变成自己的表达，就会让人眼前一亮。另外一个好处是：你可以了解前人都走过哪些弯路，干过什么蠢事，这样你才能够避免犯同样的错误。只有站得越高，才能看得越远；看得越远，才能让你今后的人生之路走得越直。

现在许多人想要创新，却压根儿不管前人的任何理论，总觉得创新就是要推翻一切，不管历史，无视规律，这其实是在浪费时间，因为没有基础理论的创新完全就是空中楼阁。所以，学习的半杯心态要求我们应该先去了解现有的研究基础，不要忽视基础理论的重要作用。

第二点，我们应该去关注这个领域当中最前沿的知识。当我们在巨人的肩膀上已经基本站稳后，就需要去关注这个领域最前沿的研究进展。首先，大家应该具备一定文献阅读能力，如果你觉得读学术文献太麻烦，可以去读这个领域中的权威期刊，或者权威的公众号，都可以。对过去的基础理论，我们应该进行综述性学习，站在权威的基础上去学习；而对当前理论的学习，应该在最前沿、最先进的平台进行学习。

第三点，我们要将理论和实践相结合。需要我们去学习的东西可能非常多，但如果一直只学不练，除非是专门搞理论研究，否则很难创造出实际的价值。所以我们需要将所学的东西应用到具体的实践中：如果你是一个厨师，就应该把最美味的菜动手做出来，获得顾客的喜爱；如果你是一个老师，就应该把最先进的教育方法用在教学当中，让学生更好地掌握知识；如果你是一个程序员，就应该将最新的算法用到自己的程序当中，达到预想的设计目标……

大家知道阿里巴巴的人工智能文案平台吗？ 给大家看一组粉底液的文案："大牌粉底液超低价，手慢无！""粉底用得好，胜过去韩国。""时间流过，你还是妈妈心中的宝贝，薄薄一层 CC 霜，瞬间化身小公主。"这些都是阿里巴巴研发的"AI 智能文案"写的，非常致命的是，这种文案它一秒钟可以写 2000 条。所以在人工智能时代，我们应该做的是比机器更像一个人。不是简单地存储数据，不是重复的机械劳动，而是可以利用这个时代的各种信息处理各种数据，形成自己独特的算法。

清晨 6:30 的晨读里，我也问过大家一个问题：你为什么要来这里学习？答案也很多：为了提高成绩；为了能去向往的学校；为了能跟心爱的人在一起……其实，我们都知道，学习并不是万能的灵药，但是，学习是我们给自己准备的一份勇气和一种能力。我们努力学习，是为了在困难的时候，能够拿出更多的勇气应对；在山雨欲来的时候，不要因暴风雨滞留途中，要做敢于迎接暴风雨的人。

我们学习，是为了应对不确定的危机，为了在意外面前不被轻易地打倒。无论前路多么迷茫，学习都能让我们经得住时间的考验，耐得住寂寞的煎熬。无论命运是否冷漠，学习都能在冷漠中让我们保持热情，充满希望。我想，我们应该在迷雾之中，全心全意地去做一些事，自己做自己的引路火把。

那个在清晨 6:30 学习的你，带着无限能量，充满勃勃生机。

选择比努力更重要？决定去行动才有效！ >>>>>>

我去硅谷参加创业者论坛的时候，有一位分享者的话题非常有趣：为什么职场上女性领导者少于男性领导者？男女在职场上成就不同这件事情，好像全世界都一样。一开始进入职场的时候，女性和男性一样优秀，但是越往上走女性越少，很多行业都是如此。

为什么会这样？也许你会说：是因为职场上那些公然或者变相的性别歧视，是因为两性不平等的差别待遇。或者还因为女性不可避免地要分出一部分精力照顾家庭，孕育以及抚养孩子，这些都是巨大的沉没成本。我还记得，那位嘉宾说，之所以在越高的位置上男性出现的概率越大，其实原因很简单：男性比女性更“不要脸”。因为除了刚才我们列举的那些来自社会、家庭的阻碍，女性升职的阻碍主要来自内部：1. 不敢冒险，对于寻求新的挑战比较谨慎；2. 不够自信，不能积极地表现自己；3. 不会主动谈加薪。而这一切对男性来说，都不成问题……

我觉得这个观点很有意思，仔细想了想，男性好像真的更懂得积极抓住机会，甚至会在概率更低的时候就开始行动，而女性可能要等到做好充分准备之后再出手。英国也有一个心理学家发现，男性的冒险倾向是女性的两倍。这就导致了在职场竞争中，不爱冒险的女性需要比敢于冒险的男性花费更多的精力去证明自己。麦肯锡一项研究报告得出的结论是，男性的晋升基于其自身的潜力，而女性的晋升则是基于其已获得的成就。

在需要我们进一步帮助女性争取更多平等权利以破除外部壁垒的今天，思考破除内心的障碍也同样重要。挑战自我，接受风险，选择成长……这些都是一个人在职业生涯中需要面对的重要内容，无关性别，不论男女。我也想问此时正在看这本书的你，你会在有多少把握的时候去行动？

1

对于上面这个问题，我的回答是：只要有 50% 的把握就可以行动。

有时候，我觉得咱们中国人说话很有意思，一方面告诉我们要“三思而后行”，另外一方面又告诉我们“天下武功，唯快不破”，这看起来不是矛盾的吗？我们中国人总说的中庸之道的“和”，就体现了咱们老祖宗的智慧。意思是一个事情可为还是不可为，要把握一个度，这个度在哪儿，就得由你自己来判断。所以你觉得开始行动的度在哪里？50%、90%，还是 100%？

在这里我想提醒大家：不要等到万事俱备以后才去行动。我们身边有很多人，总是想着等所有东西准备好了再去做，等认为时机成熟再开始。而我想反问一下：你觉得什么样的程度算准备好？什么时候算是时机成熟呢？你有没有想过要怎么开始呢？

多数人并不能回答这个问题，那些总是想着万事俱备，十拿九稳之后再去出手的人，大多数都让机会在等待的过程中溜掉了。机会是留给有准备的人，机会永远不会去等你，机会一直在变化，它最终只会属于那个伸手抓住它的人。这个世界上永远不存在绝对完美的事，也永远不会有万事俱备的时候。万事俱备，永远都只是一种美好的假设。等你准备好了再去表白，也许有人已经抢先送了礼物；等你准备好了再约客户，也许客户前一天晚上就已经跟你最大的竞争对手签了合同；等你准备好了再去找老板谈，也许你的同事已经在电梯里用三十秒时间汇报了他的想法……

世界本质是变化的，一切都是不确定的，看起来万事俱备的时候，谁知道欠缺的是东南西北哪一个方向的风呢？我们可以去准备，去积淀，但是千万不要去等待所有事情都准备好，因为机会最终只属于抓住他的那个人。当你想做什么事的时候，只要有 50% 把握就可以行动，先做了再说，此时成功的概率是 50%，失败的概率也是 50%，而如果不去行动，成功的概率就是 0。

2

有的人会说，“道理我都懂，我也知道机会可能转瞬即逝，但我就是想把一件事都准备好之后再开始。”这让我想起李诞曾经被人吐槽，说他讲的段子一点儿都不好笑。李诞回答说：“我不好笑我自己不知道吗？我就是干这个的，我当然更知道自己不好笑，但我这不是水平有限嘛！”其实他这个回应背后的意思是：没人能做到百分之百完美，你不能对自己百分之百强求，就算没有做到完美，就算有人不喜欢，你也得去做，也得去行动，也得开始。

人的痛苦大多源于几种信念，其中之一就是：我必须把事情做好，否则我就很糟糕。必须把事情做好，达到百分百完美，这种对自己百分百强求的心态是完美主义的表现。可是这种完美主义带来的不是你对自己的更高要求，而更多的是你对瑕疵的规避和对失败的恐惧。因为害怕照顾不好宠物，所以你就决定不养了；因为害怕在感情中受挫，所以你就放弃恋爱了；因为害怕做不好，所以你就放弃整件事了，就不去做了……你总是把没实现目标归因为自己不够好，失败就意味着自己毫无价值。你并不是在等待自己变好，你只是害怕失败。

完美主义是个大坑，希望大家都不要掉进去，已经掉进去的，赶紧努力爬上来。

如何避免掉进完美主义的陷阱？我们需要重新认识到这几点：1. 绝对完美是不存在的，谁也不可能永远生活在无差错的真空环境中，所以要学会接受差错和失败。2. 失误不决定你的价值，反而应该成为你加倍努力的理由，追求更好和做好准备不应当让你退缩、拖延、放弃。3. 任何事物的发展都是螺旋上升的，我们要知行合一。所以，要允许自己有失误，留给自己一些容错的空间。当你出现失误的时候，能补救就赶紧补救，如果不能，就必须忽略，不要让失误影响之后的进程。美国脱口秀大师史蒂夫・马丁对如何爬出完美主义的大坑有一个方法，就是给自己画圈。他在进行脱口秀创作的时候，如果一边写一边评价，那么很快就会写不出来，创作就没办法进行下去。面对这种情况，他会给自己画一个圈，只要站在这个圈里面，就是创作者，不对自己进行评价，这样可以保证创作得以顺利地进行下去。

所以我们也可以让自己处在一个不被干扰的安全的区域里，再去做决定。也就是在做事的过程中不要让完美来干扰自己，要接受自己的不完美，然后逐渐完善、提高，不断摆脱不完美给自己带来的束缚。

毕竟，完成比完美更重要。只有行动能消除害怕和恐惧，成功不是因为追求完美，而是因为你充满勇气，能够容忍失败。

3

但是问题又来了，如果有 50% 的把握就要行动，那与之对应的 50% 失败的风险应该如何面对？很多人害怕失败也是因为无法直面风险，总是在追问：我要是彻底输了应该怎么办？我要是一下子赔掉所有怎么办？

行动是很重要，但是如何保证自己的决定不会毁了自己的下半辈子？如果没有成功的概率摆在眼前，这个世界上大概没有人会心甘情愿地去冒险，因为风险常常是失败的导火索，但是，毫无风险的成功是不存在的。

风险总是和收益的大小成正比，巨大的风险会带来巨大的收益。要知道，我们所做的任何一件事，成功的概率都不是 100%，它们都存在着失败的风险，即使我们每天平淡生活的日常中也时常存在着风险，只是概率很低而已。这就需要我们有概率思维。风险不意味着冒险，概率思维要求我们不能盲目，要用科学的方法去预测事情发展的未来，这样就能减小风险概率，也会减少损失，即使失败了，也不会有太大的失望，而因为对概率的控制，你的回报率会远远高于不冒风险做事所取得的回报率。

概率思维就是要保证即使失败了，也不会因此倾家荡产、一败涂地。

就像我之前跟大家分享过的，我曾经也被身边的朋友坑过，也遇到过非常负面的事情，造成的经济损失也让我非常心疼。但是，我在做决策的时候就已经进行了预判：这个决定如果失败，我不会露宿街头，也不至于背上很大的负债，失败的损失是在我的承受范围内的。损失可承受，是非常关键的一点。很多人之所以会因为失败而崩溃，就是因为当他做出决定的时候，由风险带来的损失并不在他的承受范围之内。面对风险，我们也需要反脆弱，这是拥抱风险，从波动中获益的策略。比如某天根据天气预报，下雨的概率可能只有 30%，但如果真被淋到生病了，就得花钱看病,而要想避免这些只需要出门时带一把伞,即使当天并没有下雨，伞白带了，对我们来说顶多也就是费些力气。以此类推，按照反脆弱的思维，比如你想学习游泳，那么你可以从泳池的浅水区下水，一步步往水深处走，直到找到自己可以站稳的水最深的地方，然后开始练习憋气，等学会憋气后再学手脚的动作。这个深度不至于让你淹死，最大的风险顶多是呛点水，获利却是学会游泳。而依着完美主义者的心态，大概要站在岸上练习游泳动作数百遍，不到万无一失不下水，学会游泳就真的不知道要等到猴年马月才能实现了。

面对机遇我们要敢于尝试，面对失败我们要做最坏的打算，面对风险我们要敢于去挑战。当你不知道巨浪会将你带向何处的时候，你唯一能做的就是：拥抱风浪，保持呼吸。

4

你大概已经在许多本“毒鸡汤”读物上看到过这句话：选择比努力更重要。但是几乎没有人会告诉你应该怎么去选择，根据什么去选择。以下这段话我应该没有在任何地方提到：一个人 20 多岁的时候，应该去拼自己的精力；30 多岁的时候，应该去拼自己的经验；40 多岁的时候，你拼的应该是判断。

当我们年轻的时候，应该在损失可承受的范围内不断地去尝试，多去学习。20 多岁的你，尽量多去尝试，多去争取，哪怕准备不足，胜算只有 40%，也应该去行动，大胆试错，不断探索。即便失败了，付出的成本也只是自己的时间和精力而已。30 岁的你，要在自己有 50% 把握的时候说 yes，因为这个阶段的你已经有了一定的经验，你知道哪些事情纯粹是浪费时间，根本不值得一试，而哪些事情可以为之一试。40 岁的你，可以在有 70% 把握的时候进行判断，比如要在哪里买房，要做什么样的投资，应该把精力放到哪里去打造自己的品牌；等等。胜算比例的上升永远都是随着自己的经验储备来变化，但是不管怎么样，你这一辈子都不应该等到有 100% 把握的时候再去行动。因为这世界上没有 100% 能成功的事，所有保证 100% 有回报的投资都是骗局。

我们每个人都是在荆棘中不断摸爬滚打，可能跌倒，可能受伤，可能被欺骗……即便如此，我们依然要去行动，英国前首相本杰明·笛斯瑞利说过："虽然行动不一定能带来令人满意的结果，但如果不采取行动就绝无满意的结果而言。"当你开始任何一个行动的时候，总有一个错误在前面等着你，我们要做的是尽量减少犯错，以及在错误发生的时候尽量把损失控制在可以承受的范围内。"每个人都不是生而伟大，而是在其成长过程中变得伟大。"这是我非常喜欢的电影《教父》里面的一句台词，在这个不确定的世界里，与大家共勉。

要努力，不要内卷 >>>>>>

不知道从什么时候开始，“努力”变成了一个消极的词，努力不一定能获得别人的尊敬，反而很多人觉得努力这东西真的很讨厌。

在某个大热综艺里，人们最喜欢的选手不一定是才艺和能力最高的那一个，但是很多人都非常讨厌那个看起来很“努力”的人。

1

为什么一个人努力的样子会让人感觉厌烦呢？其实原因只有三个：

第一个：你的努力会让别人显得极其不努力。大家回忆一下，上学的时候是不是都讨厌班里那个上课一直举手，一直努力学习的同学，因为他会显得我们自己不够努力。上班后，大家都会讨厌那个主动加班的人，不停考证的人，因为他的努力会让我们觉得自己有点堕落。如果说人生是在攀登阶梯的话，有的人不断地往上爬，有的人爬到一半就累了，于是找个凉快的地方坐下来休息……可是，在我们的内心深处还是比较喜欢跟别人进行比较，所以“你”的努力显得“我”格外的不努力，那我自然就会讨厌你。

第二个：你的努力会让我不得不努力。既然人生是一场攀登，那么我们每个人适当的时候休息一下也是正常的，而你却那么努力，我又不想被你落下，于是我又得站起来继续往前走，明明可以休息一下的我却要这么用功，那我不讨厌你讨厌谁呢？

第三个：效率低下的努力会导致无意义的“内卷”。在“内卷”的环境中，你也努力，我也努力，我们都在浪费消耗自己的精力和资源，可是大家都没有获得更多东西，连加班费都没有，努力了半天也许只有老板受益了。如此这般，谁又会喜欢这种努力呢？

2

提到“内卷”这个词，很多朋友都说自己很怕内卷，但是又不得不卷，可大家真的知道什么是内卷吗？内卷这个概念其实来自英文evolution，意思是向内化，是说社会在发展到某种确定的阶段后，就会停滞不前，或者是无法转化，因为边界是固定的，你只能在内部打转。

为什么会内卷？这是人类在进化过程中，在资源有限的情况下，只能无限地细分再细分，却没有能力去拓宽边界，或者争取更多的资源。就像是一个微雕，有的人雕刻出手指那么大的，有的人却可以做出指甲盖儿那么大的，甚至有的人可以雕出米粒那么大的。而内卷就像是微雕，人们不断努力在很小的范围内进行单调的重复，却没有能力突破边界。

所以，我们需要记住一点：努力不是内卷。一个人的努力不一定是发自内心的，努力工作也不是内卷，只有低水平的、没有创新的、重复无脑的努力才是内卷。很多人看到别人努力就讨厌，其本质是以偏概全，并没能真正解决问题。现在内卷这个词已经被扩大化了，有时候并不是内卷的情形也被说成是内卷。一个人只要稍微努力一些，就被人说成是“卷王”，仿佛全世界的焦虑都是他人的努力带来的。对此我只想说一句：拜托，我们人类之所以能进化到现在，就是因为有那些不想一直“躺着”的人，他们很努力地去探索人类的极限和边界，这才有了我们的今天。如果按照我们现在的定义，所有的努力都属于内卷，那我们人类干脆别进化了，都“躺平”就完事儿了。

我们的老祖宗原始人起初也是靠天吃饭，后来有一个人不想“躺平”了，想要吃得更饱，穿得更暖，于是去劳作。当时可能也有其他的伙伴会对他冷嘲热讽，说你干吗这么努力啊？我们直接摘果子就好了，你却逼得我们所有人都不得不去种植、去纺织……可是后来呢？我们人类就有了一次又一次文明的进步，也拥有了每一天都在发展变化的生活，而正是因为那些努力的人，才有了我们人类的今天。

3

我说努力不是内卷，你会觉得有道理，但你也许更想知道如何打破内卷。可能有的朋友会说，我只要自己躺平，内卷就卷不到我。而我认为躺平看起来貌似是在对内卷宣战，但也只不过是换了一种形式的犬儒主义而已。

比如你的同事加班，你不一定也要加班，但这不代表你下班就该去打游戏，你可以换一种方式让自己的工作变得更加高效。或者你觉得每天上班工作是一种煎熬，那你就应该抽空去探索自己真正喜欢的东西，然后换一个工作，换一个岗位去努力让自己发光发热，而不是一辈子就这么耗着了。

还有一种情况：你觉得别人在不断地学习，所以你也得努力才行，但你又不想内卷，所以就干脆不学了。我觉得这也是不对的，一个人不应该彻底躺平，而应该去思考怎样才可以学得更高效，先学会学习本身再去学习。就拿英语学习举例，如果去死记硬背单词，你背八个小时我背十个小时，如果单纯地从背单词的时间来看，你的努力其实毫无意义，关键是效果，是你的学习方法能不能为你带来英语水平的提升。

其实古人早就知道“工欲善其事，必先利其器”，这其实才是打破内卷的攻城利器，也是打破内卷的过程。不要内卷，不是说不去努力，而是当“天将降大任于是人也”的时候，确实得有一个“劳其心志、饿其体肤”的过程。我们要的努力不是低水平的无效的努力，而是走出舒适圈的努力。只有跳出舒适圈，才是打破内卷的正确方式。

4

可能有的朋友这时会问另外一个问题：如果因为自己努力被别人讨厌而觉得委屈怎么办？我觉得你不应该感到委屈，如果你的努力被讨厌，这就证明你还不够努力。你应该努力地让自己显得不那么努力才行。一直以来，有一种人在学校里特别招人烦，就是那些一天到晚说自己不怎么学习，考试成绩却非常好的人。对于这类人，你只不过是考试的时候稍微反感一下而已，平时你不还是会跟他一块儿去玩吗？

让我们想一下，这些人真是高情商的人，他平时会跟你一起玩，看起来并没有很努力，而是选择自己回家悄悄努力，最后他的成绩那么高，其他人也没啥好说的。就像大张伟讲的那样，一个人应该活得像鸭子一样，表面看起来很平静，与世无争，但其实两只脚蹼在下面疯狂地划水。我们作为人也一样，不要总是强调自己努力的过程，而是要展现自己努力之后的实力；不要总是对别人说你一天背了 500 个单词，而是能够直接说出一段流利的口语；不要总是强调自己为公司付出了很多，而是直接拿出你的业绩，不管你的业绩是通过提升自己的工作技巧获得的，还是突破自己原有的边界得到的。

努力后的结果才更有发言权。有些时候，很多人说懒惰是人类进步的一大源泉，因为我们在懒的时候总会想办法去用更少的精力做更多的活儿。但我觉得这个“懒”指的是身体懒而脑子不懒，所以我们的努力不应该是一种外化的，仅为展现给别人的努力，也就是人们常说的假装努力，而应该是一种内化的、思维方向上的努力，也只有这种努力才能真正地创造价值，而不是彼此的内耗。我们都应该想办法进行边界上的探索，而不只是在原有的矩阵里面不断拼搏。

其实我还觉得，努力的一部分价值是让自己身边的人都活得舒服。毕竟这世界上 99% 的人都是在过平淡的生活，大家都想开开心心地度过自己的人生而已，而现在正在看书的你应该是属于那 1% 的人。所以请你再稍微多努力一点吧，自己在拼搏的同时，也让周围的人能够感受到一份安心和快乐，岂不是一件更好的事情？

近年来，我最大的改变，也是最希望展现给大家的，不仅是一个努力的我，我并没有把努力挂在嘴边上，而是让大家看到我努力的结果和我对生活更深刻的认识，以及我养的猫，我做的美食，还有我走遍世界的记录……这些不代表我不努力了，只是我没有去分享我努力的过程，我想给大家展现的是我努力的成果。我想让我的努力，给大家带来更多的快乐和开心。其实我们每个人跟真正的努力，只有一步的距离，那么我们一起加油。

03

<<<< 第三章 >>>>

先成长，再成功

克服了恐惧，你就敢于付出代价，也就有了改变的机会，你会发现不一样的自己，也会发现自己的能力是无穷无尽的。所以，克服恐惧是改变的第一步。

好习惯是一个人的底层操作系统 >>>>>>

喝茶还是咖啡？

晚睡还是早起？

狼吞虎咽还是细嚼慢咽？

……

这些普通而寻常的问题背后，是一个老生常谈的词儿——习惯。

1

几乎每一本关于自我成长的书里都会讲到“习惯”，其实人类对习惯的探索和思考已经持续了几千年。2000 年前的亚里士多德说，优秀是一种习惯，2000 年后的我也在之前的书里面讲过这一点。为什么大家都在反复而不厌其烦地去讲“习惯”？

其实原因很简单，因为所有的常识和真理都经过了千锤百炼，而后人只不过是再创造、再发明而已。打个比方，现在有很多很火的新词，比如算法、操作系统、系统回路、反馈机制……这些词归根结底都是一种习惯说法的变体。我们可以用“算法”来举例，算法要经过反复验证和反复操作，它并不需要进行改变，也就是说，算法其实是一种重复的行为，而重复的行为本身就是一种习惯。所以与其说计算机采用了新的算法，不如说它只不过是沿用了一个固定的解决问题的习惯而已。

“习惯”为什么如此重要？因为在一天当中，一个人大约有 40% 的行为是来自不假思索的习惯，而不是通过大脑缜密的思考。许多事都是习惯的结果。你有什么样的习惯，就会有什么样的人生。当你掌控了你的习惯，你就可以掌控你的人生。

你的体形是你饮食和健身习惯的结果；你的财富是你的投资理财习惯的结果；你的认知是你学习和阅读习惯的结果；你的人际关系是你与他人的相处模式和交友习惯的结果……习惯就好像空气一样看不见摸不着，但它时时刻刻在你身边，我们每个人都能深刻感受到习惯的力量，习惯对一个人的影响是潜移默化的。

2

我们常常听到一种说法，叫作好习惯难养成，坏习惯改不掉。

但我觉得把它们称为“积极的习惯”和“消极的习惯”更为恰当，我们要去培养和实践的就是那些积极而重要的习惯。

有人说，最好的习惯是自律。我却有不同的观点。其实我对习惯的认识一直是发展变化着的，以前我一直强调人需要自律，后来我发现过分强调自律是一种轻微的自虐。之前我有着严格的时间管理，朋友跟我在一起会觉得不太舒服，因为他觉得跟我这么自律的人一起吃饭就像是在浪费我的时间。这事后来发生了变化，原因是我太太也表示，跟这样的我在一起有些累，看着我每天把自己逼得那么狠，这种自律跟自虐有什么差别？之后我开始意识到不能过分强调自律。

自律对我来说是我享受生活的一种方式，但是有一些人可能对自律产生了错误的想法，于是为了自律而自律，其实这纯粹是折磨自己，而且毫无用处，甚至我觉得假自律会毁掉一个正常的人。不知道大家有没有这样的经历：时间管理书上说，自律要从“把人生还给早上”开始，于是你扔掉手机开始定计划：四点半起床，五点读书，六点跑步，七点做早饭吃，八点准时出门上班……九点半你到了办公室，十点不到就困得一个接一个打哈欠，好不容易撑到晚上回家，你告诉自己要坚持，坚持没几天你就越来越疲倦，不知道自己是要坚持还是要继续。

很多人是计划满满当当，而走得踉踉跄跄。曾经看到过一个新闻：有个用自律督促自己游泳减肥的中年油腻男性，坚持连续游了二十多天，每天都会发到朋友圈。后来连续几天加班，导致睡眠不足。按照身体的情况来讲，这时候他不应该再去锻炼，可是他为了自律仍然坚持去游泳，结果突发心绞痛差点没救过来。这种人的这种自律，本质就是为了完成任务而已，他以为的自律，其实不过是在自我摧残。

所以我并不认为最好的习惯就是自律，我也不认为自律是目的，自律只是实现目标的一个手段而已。我每次做完环球旅行之后都会有一些感慨，比如会思考全世界最勤劳的人是谁？

其实除了中国人的勤劳，日本人的勤劳与自律也让我印象深刻。我在日本的时候，最害怕的就是挤早高峰地铁，一堆西装革履的乘客像沙丁鱼罐头一样挤在地铁车厢里，下班以后也不能立刻回家，还要去完成各种各样的应酬，基本上没有自己的生活。日本的上班族如此辛苦，他们的家庭主妇也不轻松，比如做垃圾分类，如果要扔掉一个带盖的马克杯，大概需要进行三次分类才可以彻底丢掉。日本看起来好像是全世界最智慧的国家，国民的幸福指数应该很高，但遗憾的是，他们的幸福指数并不高，反而自杀率是全世界最高的几个国家之一。全世界最好看的笑容，我是在非洲大陆见到的，在那里无论是孩子还是成年人，他们那种发自内心的愉悦真的能够感染到你，他们虽然物质生活不是那么富足，但不影响他们载歌载舞地享受着生活。

有些时候我在想，为什么有的人已经挣到很多钱了，还要那么狠的逼自己。我并不是说人一定要穷开心，但我们可以稍微思考一下，人不应该为了自律而自律，或者故意去做自虐式的工作，因为自律的意义并不在这里。

3

如果说自虐式的自律不可取，那么最好的习惯又是什么呢？这么多年来，我认为核心的习惯应该是习得性乐观。习得性乐观是积极心理学之父塞利格曼的研究成果，与它对应的是一个更有名的术语，叫作“习得性无助”。习得性无助是指一个人认为自己无论怎样做都是无用的、是不可能改变结果的，因此放弃了原本能够进行的努力。

无助与乐观就是一个硬币的两面，习得性无助是遇事都往坏处想，觉得自己无论怎样努力都不能改变不可控制的结果，于是就放弃努力，变得无助、失望甚至抑郁。可是人生有那么长，我们真的要因为失败过一次就放弃了所有的可能性吗？答案当然是否定的。所以我们要学习乐观，要去努力学会在失败情境中做出积极的改变，从而让自己摆脱失败。

也许你要问了，为什么是去学习乐观，我就不能天性乐观吗？天生乐观固然可贵，但是悲观大概跟焦虑、恐惧、抑郁这些负面情绪一样，是深埋在我们基因里的，而从基因进化的角度来讲，太乐观的人更可能因为缺少自我防范意识而在原始社会恶劣的自然环境中死得比较早，被大自然淘汰掉了。所以我们现在要学习这种乐观，毕竟这个世界还是会偏爱乐观的人，像马斯克、马云、褚时健……逆风翻盘的例子不胜枚举，在创作领域也是，古代的陶渊明、苏东坡这些能够有思想和作品传世的文学巨匠，都是能在苦难与挫折中保持习得性乐观的人。

我身边有很多人真的非常容易悲观，这悲观就体现在他们对世界的效能感上——这些人觉得自己在这个世界上无论做什么都没有用。而一旦产生这种对一切都无能为力的想法，他就得过且过什么都不想去做了，也不会再去努力。而如果一个人稍微有一点乐观的精神，那么结果可能因此就会产生变化。我相信，此时此刻阅读此书的你一定是个乐观的人，因为如果你是个悲观的人，压根儿就不会翻开这本书。

我也时常有怀疑自己的时候，比如我每次演讲之前，都觉得自己有何德何能，能站在台上给大家讲课，于是我会不断地否定自己。其实否定自己是人的一种本能，因为我们与自己相处的时间最长，知道自己内心当中那些不为人知的阴暗面，也知道自己所有的缺点、弱点，知道自己干了哪些无可救药的蠢事。但是那又怎样？就像《人生的十二条法则》里面第二条写的那样：我们应该像照顾生病的宠物一样去对待自己，去关心自己，这样我们才能一直拥有乐观面对这个世界的勇气。

乐观一天是容易的，乐观一个月也是很容易的，但是能够保持每一天都乐观还真挺难的。所以如果问我哪一个习惯最重要，我会不假思索地把“习得性乐观”排在第一位。那么如何做到习得性乐观呢？我觉得大家可以试一试下面几种方法：

第一种，对失败进行积极的归因。所谓的积极归因，是要我们在看待失败的问题时要学会“对事不对人”，看一件事的成败得失，只看这件事本身，这件事失败了，只说明我们在这件事上处理得不够好，并不意味着整个人都要被否定。

第二种，要去关注这个世界上的积极和美好。如果在某一天里感觉到悲伤、难过，那么就抬起头来看一看天空吧，星空和晚霞，都是这个星球留给我们的温柔。

第三种，要时常感恩，时常称赞。感谢他人为我们的付出，称赞自己身上那些闪光的优点，要时常看到自己做了哪些值得被称赞的事，而不要只注意到自己的缺点。

第四种，要跟乐观积极的人做朋友，让自己尽可能受到积极的影响，而不是跟一堆负能量爆棚的人扎堆儿抱怨。

这里我要强调一下，我们千万不能盲目乐观，因为过分乐观可能导致我们犯一些无法挽回的错误。我说的习得性乐观，是让我们知道做的是正确的事情，也相信我们最终能成功，这不是一味地把自己的主观意向投射到世界上，而是了解世界以后做出客观的判断，这样成功的天平就会偏向我们这边。

4

除了习得性乐观，我认为还有两个非常重要的习惯。一个是元认知能力，其实就是认识到习惯的重要性。李笑来老师经常会讲“学习学习再学习”，我原来一直非常肤浅地以为这句话像是一句口号，纯属给自己加油打气。但其实，我们应该分开去念，应该是先学习“学习”这件事情，然后再去用学习到的方法去学习。

元认知就是对认知的认知，是我们对自己的认知加工过程的自我觉察、自我评价和自我调节。比如说在学习中，我们的大脑会去感知、记忆、思维、想象，会对这些认知活动进行再认识、再思考，以及积极的监控。这也是我们大脑最神奇的地方，但是大部分的人压根儿不思考，剩下少部分的人会思考，但是不会去思考自己是怎么思考的。

所以你与高手之间的差距，就是元认知能力。很多人决定去健身，先是各种买装备，等到都备齐了，健身房也不想去了，还没开始就结束了。有的人说自己看书看完前面的就会忘记后面的，看一会儿就打瞌睡。于是就怀疑自己的学习能力，觉得自己不自律。事实上，这些问题都是元认知造成的，我们能不能去改变，也是依靠元认知。

在我们希望有所改变的时候，总是希望只要改变某一个点即可达到目的，而在这个过程中会重复犯错误。但是当我们通过元认知训练来改变整个系统的时候，就不会再犯类似错误了。这就像运动员通过训练肌肉记忆来确保动作准确无误一样，我们也可以通过元认知训练来锻炼我们的大脑。制定科学的“运动方案”，改变错误的路径，制定正确的路线，在我们大脑里坚定地执行一段时间之后，元认知能力自然而然就提升了。我们将这一套运动方案内化成自己的习惯，错误就很难发生。事物本身并没有变化，唯一变化的是思维方式。这就是我为什么说习惯是一个人的底层操作系统，当我们将习惯变得更积极、更强大，生活中的许多问题就迎刃而解了。

另外一个重要习惯叫作“打热线”，也就是要学会向他人寻求帮助。如果说习得性乐观是一种自我支持的话，那么“打热线”习惯就是向外部世界寻求支援。我们总是习惯遇到什么事都自己扛着，因为我们从小就是自己做作业，自己对自己的考试成绩负责，长大工作后也很少有团队合作的任务，现在大部分人在团队当中也是各扫门前雪。当我们不得不寻求他人帮助的时候，最后一般都会说一句“抱歉麻烦您了”，这说明我们特别害怕麻烦他人，而这其实并不是一件好事。

很多时候我们总觉得问题出在自己身上，于是很少会向他人求助，这样就会非常辛苦。我想起一个经典的故事：一个犹太父亲教育自己孩子的时候，让孩子去搬石头，父亲在旁边鼓励：“孩子，只要你全力以赴，一定能搬起来！”可是最终孩子也未能搬起石头，孩子对父亲说，“我已经尽全力了！”犹太父亲却说：“你并没有拼尽全力，因为我就在你旁边，你并没有请求我的帮助！”

我们经常会听到有人告诉你，尽力而为，问心无愧。意思是一个人只要努力了，即使没有取得最好的结果，也不觉得后悔。可有时候仅凭借我们一己之力是不可能完成所有的任务的，那为什么不积极向外界求助呢？什么事都自己做，遇到困难都自己硬扛，那么这件事情的效率和效果又怎么去保证呢？真正的“尽全力”是把自己所有的资源都用上，这样才是真正尽全力。所有的事情都自己做，做不成就放弃，任由事情失败，这根本就不是尽力而为。真正的尽力而为是不但自己发力，还要在需要的时候懂得去借助外部的力量，最终让自己能够投入的资源和能力最大化，让事情办得更圆满。有的时候，我们确实需要改变凡事依靠自己的思维模式，要学会求助，懂得借助外力。

这样看来，积极的习惯可以从身体、心智、精神、待人处事等方面磨炼和培养，进而将其刻入我们的骨子里，积极的习惯能够帮我们构建一套性能优良的底层操作系统。而未来，我们只有在此基础上不断地去更新、升级这套系统，才能不断优化效能，不断地提升自己。人生如系统，希望大家的系统都能升级顺利，既不黑屏，也不死机。

掌控身体才能掌控人生，乐观是人生的正向循环 >>>>>>

每次做环球旅行，我都会留意哪儿的人最乐观，一开始发现是赤道附近的人。因为热带天气好，他们不习惯总在屋子里面待着，会更多地去亲近大自然，所以我一直认为乐观这件事和环境有关。但是后来我发现北极的纽因特人也很乐观，寒冷的北极有漫长的极昼和极夜，环境绝称不上好，为什么他们还那么乐观？原因是他们需要外出打猎，他们有更多的运动。

在上一节我讲到了一个积极习惯叫作习得性乐观，乐观对于我们来说非常重要，但是乐观从何而来，怎么样能让自己变得更乐观？其核心在于身体。

1

乐观需要条件。让一个重症病人保持乐观，只是一种希冀和愿望，如同安慰剂一般，因为他的身体状况决定了他无法由内心深处产生乐观。

同样的道理，大部分运动员、舞蹈演员的心态都比较好，也很少能看到一个非常自卑的军人。因为体态决定姿态，姿态决定心态，而心态则会决定人生的成败。

经常有朋友问我，说他最近情绪特别差，应该怎么样去摆脱，有什么方法可以迅速调整心态？我一般会建议他：出去散步。因为散步可以舒展我们的身体。你可以在生活中观察一下，当一个人抑郁沮丧的时候，身体是蜷缩着的，头就会朝下耷拉着，肩膀也会垮下来，一个人没有斗志的时候，绝对不可能走出铿锵的步伐。你总是在床上玩手机的时候感叹人间不值得，那是因为你的身体正在蜷缩。当你在清晨运动时舒展开身体，你一定会说：今天又是元气满满的一天！为什么会有这样的变化，为什么身体的姿态会对心理的状态产生如此明显的影响？这是因为外在的表情、姿势、语调都可以产生内在的心理变化。所以，想拥有一个积极乐观的心态，最基本的方法就是努力让自己的身体舒展开来。

心理学家发现，有两种典型的身体语言会表达出心理状态的强度。一个是身体的舒展程度，也就是你的身体占据的空间是大还是小；另外一个是身体的开放程度，也就是说你的肢体状态倾向于开放还是封闭。心态强大而有力的人，体态一般比较舒展开放；而软弱无力的人则会显得局促、封闭。同理，不自信的人可以刻意地使自己身体保持昂首挺胸的姿态，时间长了就会变得自信。这个方法也可以运用到面试中，面试前做一些简单的小动作，比如说保持几秒钟“超人”的姿势，就可以带来一段时间的自信状态，从而帮助提升面试的表现。

诚然，习得性乐观是最重要的一个习惯，为了形成这个重要的习惯，我们就要学会刻意练习，从自己的身体做起，让舒展、开放的身体姿态为内心输入能量，让身体从无力变有力，从而让心情从沮丧、抑郁到乐观自信。

2

当你读到这里，也许会有一个疑问：不是一直都说内因大于外因吗？不是说态度决定一切吗？那应该是心态好了，身体才会好呀，你为什么反过来讲？我之所以把改变身体姿态放在前面，是因为有时候改变心态是一件很难的事情，而改变体态就相对比较简单。

认知的提升、心态的改变不是一蹴而就的。我让你现在立刻开心起来也许很难，但在读到这本书的时候挺直腰杆读书 30 秒，这是你立刻就能做到的，马上就能见效。但是心态的改变是一个长期的过程，所以在改变心态之前，我们可以先从改变体态开始。

说到这里，我不由得感慨身残志坚是一种何等伟大的品质，一个身体存在缺陷的人，想要过上幸福美满的生活，甚至成就一番事业，他付出的要比健康人多得多。很多人在身体受到病痛、外力的摧残之后会变得意志消沉，但也有一些人，在身体受损后却没有选择放弃，而是用乐观的心态积极面对，重新规划自己的人生之路，付出远大于常人的艰辛努力，让自己的人生再次扬帆启航。他们的乐观与坚毅值得我们每一个人敬佩。

同样的道理，身体上的问题也比心理上的问题更容易解决一些。当身体出现健康问题时，你可以大大方方地去医院看病，然后选择吃药或者进行物理治疗，根据情况选择不同的治疗方法来减轻病痛。但如果你的大脑（心理）“不健康”，让你变得沮丧、焦虑、什么事都提不起精神时，情况就变得有些难办，很多人都会不知所措。虽然说心理疾病也有相应的药物可以使用，但有些人对这类药物有顾虑，甚至连医院都不愿意去。要我说，当你认为没有什么事能让你高兴起来，未来的日子没什么盼头的时候，不如去操场上跑两圈吧。因为体育运动有助于增加多巴胺和血清素的分泌，让你的心情愉悦起来，那些负面的情绪也就离你而去了。如果你实在是压力很大，你可以借助液体把压力排解掉，要么流泪，要么流汗，选一个吧。

3

说到这里，好像问题更多了，我们究竟应该去如何保养自己的身体呢？我认为应该从养成一些重要的生活好习惯做起。

第一个重要习惯是睡眠要规律。早睡早起一直都被看作健康生活标志之一，换言之就是晚睡晚起被认为对身体不利，是不健康的。其实根据科学研究，从大体上看，只要睡得规律，时间足够，晚睡晚起对身体不会有很明显的伤害。早睡早起固然好，但有一些群体是在夜间工作的，他们需要半夜起床，也有些工作只有下午才能干……所以无论你是 4 点才睡还是 5 点才睡，是中午 12 点起床还是下午 2 点起床都没关系，只要睡眠规律就好。而更应该引起重视的是睡眠时间不足、睡眠不规律，长此以往会对内分泌产生严重的影响。

除了睡眠规律，睡眠的质量也要充分保证。睡眠是大脑最好的休息，充足的睡眠对激素的分泌和脂肪的代谢都起着积极的作用，有研究发现，如果睡眠时间充足，睡眠质量较高，一晚下来，人体的代谢量相当于慢跑 10 公里。所以，想要拥有好的身体状态，第一个重要习惯就是要有良好的睡眠。

第二个重要习惯是健康饮食。饮食不但可以提供给我们人体需要的能量以延续我们的生命，还是增强人体免疫力和拥有健康生活的重要保障。从大的方面来讲，健康的饮食习惯需要我们营养摄入均衡，根据自身不同的身体情况选择不同的食物来进行搭配；要饮食规律，按时吃饭，按需吃饭，三餐不定时和暴饮暴食都会影响身体的基础代谢，最终损害我们的身体健康。

饮食习惯里最重要的就是“管住嘴”。比如说高糖饮食，大量摄入糖分会造成胰岛素分泌异常，这是导致糖尿病等一系列疾病的最大诱因。我国现在每 8 个成年人里面就有一个人患有糖尿病，所以不食用含糖饮料、甜点，控制摄入精细碳水化合物等，是非常重要的饮食习惯。再比如说减少食用油和反式脂肪的摄入。需要强调的是，健康的脂肪是一定要摄入的，这是营养均衡的要求，但是要控制总量，因为脂肪摄入过多会带来许多疾病风险，需要绝对避免的是工业生产的反式脂肪，这种脂肪会增加得心脏病的风险。

第三个重要习惯是保持锻炼。相当大一部分人对锻炼存在很大的误区，总觉得只有去健身房办个卡，每天在跑步机上挥汗如雨，或者气喘吁吁地撸铁才是锻炼。我觉得完全没必要每个人都这样，借助专业器材运动当然是科学的锻炼方式，但是简单易行的每天晚上快走 1 万步以上也算是锻炼。大家可以给自己准备一个运动手环，监测自己每天的运动量和睡眠时间，这样可以对自己的身体情况有一个准确的了解。

锻炼习惯的重点不在于强度，而在于是否采取了科学的方法，是否能长时间保持这个习惯，锻炼中尤其需要我们注意的一个问题是：不能跟自己的身体较劲。就像我在讲自律的时候说的，不能为了自律而自律。我们并不是运动员，我们锻炼的目的不是为了追求成绩或者突破极限，而是为了让自己能有一个良好的身体状态，因此更应该放松和摆正心态，根据自己身体的适应能力去进行运动。

很多人会说，我每天很忙，工作强度太大，根本没有时间锻炼。可能也有人想问我：艾力老师你每天好像更忙，你有时间锻炼吗？对于我来说，锻炼的时间确实是“挤”出来的。我在锻炼的时候特别喜欢听书，也会边走路边思考，这就等于在锻炼的时候把工作也一起做了（当然，这些都是在确保完全安全的前提下）。硅谷就有一群“生活黑客”，他们在各种平台上分享了大量“亲测有效”的“一心二用”的技巧。比如，有人分享了一边在跑步机上走路一边用笔记本电脑打字的技巧，这样就可以边运动边回邮件或者进行其他一些工作，将时间利用到极致。但必须强调的是，无论你有多么高超的“一心二用”的技巧，安全始终要放在第一位。毕竟，锻炼的目的是让身体更好，而不是受伤。其实，锻炼的时候最好不要再想其他的，全身心地投入锻炼，更能令身体放松下来，增加多巴胺的分泌，给大脑带来更多的愉悦感，同时还能避免受伤。

其实，无论是睡眠、饮食，还是锻炼身体，我觉得都要根据自身的情况来设定，而习惯之所以成为习惯，是因为长期的坚持。

4

除了良好的习惯，如果想要身体保持健康，我们还要注意几点。

第一点是要定期体检。很多人，特别是年轻人，平时感觉自己的身体很健康，觉得没有定期体检的必要。但是我们经常面对的现实情况是：体检结果显示你的感觉“出卖”了你。保不齐什么时候，你的身体就在你以为自己很健康的时候亮起了红灯，甚至有些疾病查出来已是晚期，从而错过了最佳的治疗期，让自己和亲人都悔恨莫及。我们应该通过定期的健康体检，随时了解掌握自己的健康状况，没有问题当然最好，一旦发现疾病也可以及早地进行治疗。

第二点是降低患重病的概率。我以前锻炼的健身房对面就是海淀医院，当我在跑步机上跑步的时候，透过窗户看着医院门口进进出出的去看病的人，我就想，与其把钱花在医院，还不如把钱花在健身房。我们无法让自己不得病，毕竟人吃五谷杂粮，不可能不生病，但我们可以尽量降低得重病的概率。而要想降低患重病的概率，就需要我们拒绝一切可能导致重大疾病的有碍健康的行为，比如说抽烟、酗酒，以及毫无节制地暴饮暴食、经常熬夜等。

第三点是锻炼一定要适度。我们在锻炼时，一定要清楚地知道自己的极限在哪里，了解自己的身体情况，估计出自己能够承受的运动强度，在锻炼过程中不逞强不斗狠，合理控制自己的运动强度和运动量，不要轻易去挑战自己的极限，因为这样可能会付出惨痛的代价。要记住，任何事情都是过犹不及。

第四点是记录身体数据。身体的各项数据可以在一定程度上反映身体的状况，记录下这些数据，可以让我们对自己的身体做到心中有数。比如我们要减肥，第一步就是去买个秤，掌握了体重变化的数据之后就很容易减下来。现在很多人会给自己配置一个智能手环，可以借此了解身体的心率、呼吸频率、运动状况、睡眠状况，从而及时地掌握自己的身体情况。

第五点是要相信科学。很多人重视身体健康，但是没有采取科学的方法去维护保持，有的人身体出现了一些小毛病，却为了怕花钱，不去医院就医，最后把小毛病拖成了大毛病。还有些人偏信各种五花八门的养生偏方,好身体都能折腾出毛病来,生生让自己变成了实验里的小白鼠。

拥有好身体听起来好像挺简单，但是实践起来并不容易。这就要求我们抛弃不良的生活习惯，科学地爱护身体，根据自身的情况适度锻炼。人生就像跑步一样，每个人都有自己的步调，不要为了追赶别人而乱了自己的节奏，疲惫不堪地追逐别人，就会迷失自己的人生方向。我希望大家都能够掌控好自己的身体，通过理性的思考、科学的方法、高效的行动来打开人生的正向循环，从而拥有积极、乐观和蓬勃向上的人生。

复盘的持续改进，
让你走的每一步都算数 >>>>>>

当老师的我，经常会被灵魂拷问——现在年轻人最大的痛苦是什么？

是没有时间工作，没有时间娱乐，还是钱没有赚够身体就已经废了？其实我觉得这些都不是，年轻人最大的痛苦是忙了半天却不知道自己忙的是什么，还非常的累。每到做年终总结的时候，憋了半天抓掉了很多头发，却一个字都写不出来。

有的人觉得写不出来，是因为自己写作能力不好，也有人责怪自己的复盘能力太差。其实我觉得大家真正苦恼的并不是不会写，而是发现工作了这么久，值得写的东西好像实在是不多。

1

造成这一切的原因是什么呢？英文当中有一句话叫作： The ends justify the means。意思是结果可以让过程合法化，就是说有些人为了结果而不择手段地做出一些坏的事情。但是现实中这样的人毕竟是少数，更多的人是把过程当成结果，把苦劳当成辛劳，然后自己感动自己地说：你看我这么劳累，但是为什么没有任何的产出？这就像你下定决心要健身减肥，装备买了一整套，视频下载了一堆，最后三天打鱼两天晒网，一斤没减下去反而胖了三斤，于是发朋友圈感叹健身真的好难；又好像你准备学习提升自己，从书到文具再到网课置办得非常齐全，可是一打开课本就开始玩手机。

在工作中,很多时候他们只是能把工作“做完”,却远远谈不上“做好”。还美其名曰自己是在“享受过程”，不求结果只是一个借口，因为他们常常会“羡慕嫉妒恨”另外一群人，这群人看起来每天都活得很轻松，玩得也很开心，和家人关系也很好，能做自己想做的事情，好像也并没有那么努力，却成了大家羡慕的人生赢家。“享受过程”的人也想拥有那样的结果,可是却被自己想象出来的享受过程吞噬了时间,消磨了斗志，埋葬了希望。

所以我时常在想：人与人之间为什么有这么大的差别？后来我发现，那些最终成事的人，他们都有结果思维。所谓的结果思维，是指在做一件事情的时候，能够关注到这件事情能够产生的价值结果，用结果来指导具体的工作，是以结果为导向和价值衡量的思维方式。拥有结果思维意味着人们在做任何事情的时候，要求的绝对不是过程，而是结果。他们做任何事情都善于发现问题和分析问题，能够正确地制订计划，并且不留余力地执行，始终专注和在意的是最终结果，而不是过程。

以结果为最终主导，哪怕这个结果非常的差劲，也比总在过程当中不断地纠结要好很多。因为只有结果能够提供符合要求且高质量的答案。结果思维，就是要求我们对结果负责，对自己负责，让结果指引成长。有价值的结果是对过程的结论性总结和建议，是实实在在的收获，而最高层级的结果是可以复制的，我们可以将总结的方法论应用到未来工作中，也可以通过讲述、写作的方式传授给他人。

2

如果大家跟我一样喜欢阅读曼昆的《经济学原理》的话，应该会对这本教材的不断迭代印象深刻。这种先做出来，再不断去完善它的做法，就像现在互联网界一直强调的最小可行性产品原则，按着结果思维 “先做了再说”，等有了一个结果之后再将它不断完美化。如果你在万事俱备的时候，总是等着东风来，你就永远都没有办法行动起来。无论是做一份工作还是完成一项任务，我们应该敢于尝试，敢于开始，然后在过程中不断地做出调整，而不是指望自己能够一下就做出一份惊天地泣鬼神的宏图伟业来。

说到结果，大家总会把它想成很大的事情，或者必须要完成的某项任务，但其实生活当中许多小事也是一种结果。比如我们在回复微信消息的时候，经常有用“意念回复”的情况，这就是典型的把过程当作结果。回复信息这件事在你脑海里面只是个过程，你并没有真正把微信回出去，对方也无法接收到你由意念发射的信号。如果是比较熟的朋友，偶尔玩儿个“意念回复”还好，如果不是那么熟的话，这种把过程当结果的行为就会导致很多不必要的麻烦。

我之前有个同事，工作中经常会出现这样或那样的问题，我每次想跟他聊工作，还没聊三句他就开始强调：自己家境贫寒，工作辛苦，累到腰肌劳损，身体马上撑不住……每次我都觉得他快要哭出来了。一开始的时候我很同情他，建议他应该找机会跟领导好好聊一聊，先把家里的问题处理完，然后再专注于工作。但是他几次三番地一谈工作就开始与我讲他的不容易，每到这时候我就会变成一个表情包，脑袋上画满了问号。我十分想对这位同事说：我知道你的家庭问题很麻烦，你的个人境遇比较惨，但是这些都不是你不解决工作中问题的理由，更不能把它作为你不好好工作的借口。

其实老板不希望也不需要员工天天加班，他只要看到工作的结果，并不关心过程。我个人很讨厌“996”的加班文化，从理论上来说，把当天的活干完了就可以走，这是理所当然的。所以我很喜欢我一个朋友所在公司的谏言：加班是应该的，因为活没有干完；没加班也是应该的，因为活已经干完了。加班与否完全取决于工作有没有做完，加班不是目的而是手段。如果以最终目的为导向的话，加班这个手段完全可以省略掉，所以我们对于结果思维一定要保持一个正确的心态才行。

3

保持一个好心态真的相当重要，尤其是在面对他人反馈的时候。有些时候在自己熟悉领域干久了，就会失去了追求进步的激情，每天只是机械地做着重复的工作，而此时你只有获得外界的反馈，才能够真正得到进步和提升。

之前我觉得自己在讲课方面已经相当不错了，在国内也算是小有名气的老师，但后来发现自己讲了五六年，讲的内容基本上没有太大的变化。于是，在自己完全可以继续吃老本的前提下，我还是决定走出舒适区，找了一帮兄弟合作去办一门新的课程。

说实话，刚开始我是非常理性地认为我应该走出舒适区，做出一些改变。但是当我听到别人给出的真实反馈的时候，我特别想掀桌子，心里面有无数句脏话飘过，我特别想质问对方：你有什么资格说我这个做得不好，那个讲得不好，你算老几？但是幸好每次我都没有骂出口，因为我发现，给别人指出错误、提意见是件非常简单的事情，对方不需要专业知识，只表达出自己的主观感受即可，也就是说谁都有权利提出自己的意见。而我的课程面对的听众恰恰是所有人，所以不管是谁的意见我都应该听一听，一个完整的结果加闭环的反馈才是我需要的。

我觉得做老师一定要有独立原创的想法，一样的声音听久了，不仅乏味，更十分危险，而坚持错误的看法与盲目从众一样危险，而且还可能造成更大的损失。只有与众人相异，而且判断正确，敢于坚持自己想法的人才有可能获得成功。那么，一个人如何获得正确的判断？我是这样认为的：一个人要么是按照自己的行为方式去思考，要么是按照思考的方式去行动；如果我不能按照我自己的想法去行动的话，我就应该按照自己的行动方式去思考。但现实是：想法与行动是存在差距的，所有的事情没有一下就能够做到特别完美的，都需要一个不断去打磨、适应的过程。所以在听到不友好的反馈声音的一刻我决定还是忍一忍，先出去跑一圈散散心，打几把游戏脱离世界，然后再回来复盘。

后来，我复盘了一下自己当时为什么做这件事情，忽然明白过来：

我找这些人过来，不就是希望他们给我点评、提意见吗？ 而难听的点评才有用啊，好听的点评没有任何意义，我们要的是真实的反馈，尤其是身边人的负面反馈，因为这些人既了解你，又知道在哪里应该做出改变，这不正是我当初想要的吗。就像马斯克说的：如果你真希望把一件事做好的话，就应该全力以赴。 所以我还要继续努力不断打磨自己的课程，将其细化到每一分钟，每一句话，每一个单词，希望大家看到这本书的时候，这个课程已经上线成功。

4

我们一定要让自己的认知通过行为形成闭环，才能从现实生活中获取反馈，这就是闭环计划。“凡事有交代，件件有着落，事事有回音”说的就是闭环计划，这对于当下以脑力劳动者为职场主要人群的时代尤其重要。有些道理，只有行动了才会明白、通透，因为行动才能让人离目标更近，才能让人更清晰地知道自己要什么。

我们的前辈其实都活得很开心，幸福感很高，因为他们当年开拓、建设祖国的时候，无论是筑桥还是修路，都不可能出现把过程当结果的情况。那时候建一层楼就是一层楼，修一里路就是一里路，种一棵树就是一棵树，工作成果都是明明白白看得见的。但我们现在做脑力工作的时候，可能忙活了一天，一页 PPT 都没有做出来；可能酝酿了半天，策划方案一个字都没有写出来；可能跟别人沟通了半天，最终没有达成任何的结果。

很多时候我们在过程方面做得太多，而在构建方面做得太少，或者说我们太注重一步到位，想把结果做到完美，最后导致自己在这个过程中浪费了太多时间。一个人浪费一分钟，就有可能造成整个组织浪费十个小时，甚至更长的时间。与其将精力的 99% 花费在过程中，收获 1% 的结果，还不如把整个任务拆分开来，将 9% 的精力花在过程中，获得 1% 的结果，而当我们把这个过程循环 10 遍，同样可以得到 100% 的结果。闭环计划强调的是持续的循环，而不是循环一次，复盘、总结、反馈都是为了下一次计划能够做得更好。

一个人一次“靠谱”容易，一辈子“靠谱”不容易。所以，无论是做人还是做事，我们都应该用总结性思维，在每一次复盘过程中，分析利弊得失，总结经验教训，并持续改进，让自己的人生变成不断反馈、不停复盘的闭环。在反馈循环中迸发出崭新的想法，在复盘中展现丰富的生命力。江河万里，你走的每一步都算数。

改变认知，就是换一个角度看自己和世界 >>>>>>

如果真有一个放之四海而皆准的道理，我觉得应该是：一个人的上限取决于他的认知。

前几年，我去了阿根廷。那里有广阔的潘帕斯草原，畜牧业及葡萄酒业举世闻名，我去参观一个当地朋友家的农场。农场的规模不是很大，是那种“小而美”的家庭工作坊，我品尝了他们的美食以后，真的是感慨万千。我来自新疆，虽然吃过很多好吃的牛肉，但是他家的牛肉真的太好吃了。所以我立刻跟那个阿根廷朋友说，我想帮他打开中国的市场，我一定要让他的产品火遍中国。在之后的三个小时里，我就好像一个敬业的推销员，不断给他“洗脑”，希望他可以把产品卖到中国去。但是不管我怎么说，他都不接受我的建议。我当时就在心里默默地想，这下知道他家为什么没有做到像其他家那么大了，是认知局限阻碍了他获得更多的财富。一个人的认知水平决定了他的上限，如果他能够有全球视野的话，他可能早就已经实现了更大程度上的财富自由。

但是没过多久我就被“打脸”了。后来我另外一个朋友告诉我，这家店之所以没有扩张规模，是因为他们一直在遵循祖辈的家训，希望把每一个东西做得足够精美，并不在乎自己的市场占有率。在他们的心中，家人的幸福，内心的平静，品牌本身的价值，都要比市场占有率重要得多。

于是我就想，也许那天我离开以后，这位农场主肯定也在想我那句话，然后在心中说：这个哥们儿这辈子都做不出上等的牛肉制品了，因为他的认知决定了他的上限。

有人说，一个人的认知有三种境界——第一种境界是以为自己很牛；第二种境界是知道自己不牛；第三种境界是不知道自己很牛。其实，无论是哪一种，我们每个人都活在自己的认知局限里。

1

认知局限人人都有，但又各不相同。有些时候，人与人之间的差别真的会比动物之间还要大，因为动物的思维都差不多，不同的人思考的事情却千差万别。

《人类简史》中说，智人之所以能从动物当中脱颖而出，进化成统治地球的人类，依靠的就是认知。作为我的读者，你可能对巴菲特和查理·芒格等人的多元思维、多元思考、多元模型这些词比较熟悉。小的时候，我总觉得这些概念就是他们在故弄玄虚，后来我才发现，所谓的独立模型思考能力，就是把一些问题研究透，比如：各行各业都是怎么赚钱的。这个能力看似简单，却不是所有人都能拥有的，因为你可能很熟悉你所在的行业是怎么赚钱的，也可能大概知道和你的行业有一定关系的人是怎么赚钱的，但你很难知道各行各业是怎么赚钱的，是如何运作的。就像你很难知道原油和石油有什么差别。或者你也很难了解清楚，一个包工头应该怎样给工人们发工资，才能保证他们每天都会按时干活，而不是拿着钱就直接跑路……每一个行业都有特别多值得学习的东西。

我最近就收获了一个非常有意思的知识。我家楼下要开一个小的美食广场，我就突发奇想：不如在这个美食广场开一家新疆炒米粉店吧。有了这个想法后，我在一个朋友的介绍下认识了美食广场的老板，他是专门开连锁餐厅的，通过跟他聊天我才发现，原来餐饮这行里有很多门道。我们都不会想到，原来餐饮业最大的问题居然是厨师有可能随时辞职走人。所以，对于一个餐饮业的老板来说，他需要随时应对的最大挑战是——一旦厨师突然辞职不干了，怎样能赶紧补上厨师的空缺。看来餐饮行业真的是一个流动性很大的行业。和这位老板聊过天后，我放弃了开炒米粉店的想法——我实在没能力，也没精力去解决随时可能爆发的厨师问题。

我无法理解餐饮业的问题，同样，餐饮店老板大概也无法理解我是怎么样通过磨嘴皮子来赚钱的。所以说，人在一个行业待久了，就会形成自己的认知局限。

要想不被自己的认知局限住，让自己止步不前，就要多想、多看，让自己获得更强大的思考能力。所谓的多元思考能力，简单来说就是通过不同模型思考，知道每一件事物背后价值的能力。多元思考能力越强大的人，往往可以获得更多的社会资源，合理有效地使用这些资源，就可以让这些资源转变成财富。很多优秀的企业家，都具有强大的多元思考能力。

其实不仅是企业家，我们每一个普通人，要想不断增强自己的实力，也要去不断学习，不停思考，提升自己的认知能力。

2

一说到认知能力，很多人都觉得这是个很玄乎的新词儿，也有许多人会问到底应该怎么提升认知能力？其实，认知的过程，就是不断把已知与未知建立联系的过程，因此想要提高认知能力的关键是对自己思维方式的升级，首先要做的就是完成对“已知”的积累。而这个积累主要来源于读书，以及对客观世界的观察和实践。但我觉得需要强调的是：这个积累的过程是有技巧可以用的。

比如在读涉及能力提升方面书籍的时候，你可以以兴趣为导向，直接按照目录指引挑选自己感兴趣的章节读就可以。名家名著，可以当作休闲娱乐的项目，在夜深人静的时候泡一壶茶伴灯品读。你也可以结合自己所在行业，需要什么、欠缺什么，就去看什么、学什么，这类知识不仅是你进入行业大门的敲门砖，也是你坚持学习的最大动力。畅销书我觉得也值得一读，也许你对内容不那么感兴趣，也跟你所在行业无关，但可以借此丰富自己的知识，还可以成为社交时的谈资。至于那些小众的冷门书籍，我的建议是先把该读的书读完再去读也不迟。

对客观世界的观察和实践是第二个获得“已知”的方法，通俗地说，就是增加阅历。唐三藏最终取到的“真经”，除了实打实的经书，他从九九八十一难的经历中获得的经验也属于真经的一部分，这些经验、阅历都是宝贵的财富。所以，我们不仅要积累知识，更要积累阅历，甚至我觉得阅历和经验是“已知”中极其重要的一部分，只有不断地在行动当中积累，我们才能全方位、多感官地进行认知升级。

观察客观世界可以通过旅游、学习，跟不同行业领域的人沟通、交流，也可以通过处理不同事情的实践。有了这些收获之后，你会发现原来有些东西它只是停留在文字上，现在才能真正给你带来发自内心的改变。

3

当我们积累了一定量的“已知”，就要开始尝试着去将“已知”与未知建立联系，这个时候就要用到提升认知的第二种方法——思维工具。所谓的“思维工具”，指的就是储存在我们大脑中，用来解决某些问题的思考模型和思维法则。

其实，每个人都局限在自己的认知里面，单独从某一学科或某一专业的角度切入去了解这个世界，都犹如盲人摸象，都是有局限的。要超越一般人的认知局限，就必须掌握多个核心思维模型。比如说经济学中著名的复利思维，这里所谓的复利，是指在一定的时间内把你的精力和财富持续而反复地投入到某一领域，长期坚持下去，最终产生的可观收益，这个收益会像雪球一样越滚越大，给你带来超出你想象的回报。比如每天用 30 分钟去锻炼身体，坚持下去你的身体就会得到回报。其实对于我们大多数人来说，如果没有复利思维，也许终其一生都不会去运用复利，也体会不到复利的威力。复利思维需要我们用发展和长远的眼光去看待事物。

在思维法则里面，还有一个特别有意思的奥卡姆思维。这种思维可以帮助我们扔掉复杂的表象，抓住问题的本质与核心。比如说，现在人最大的问题其实并不是无知，而是自以为知道了很多，于是将简单的问题复杂化。不知道大家有没有听过一个段子，说早年间一个日化公司引进了一条香皂生产线，但是这条生产线存在一个问题：常常会有盒子里没装进去香皂。为了解决找到空盒子的问题，这家企业找了许多专家和教授，最后拿出来的生产线改造方案大概需要好几百万元，准确率也只有 95%。后来厂里的技术员想到一个准确率 100% 的办法，就是花几百块钱买两个大功率的风扇，对着生产线狂吹，空皂盒就会被吹掉，从而一举攻破了难题。

你看，处理问题不要一上来就往复杂了想，有时简单的办法就能解决大问题。我们一直以来都习惯于学习和使用特别复杂且伤脑筋的方法来解决问题，很容易将事情往深处想，越想越复杂。其实，有些事情并没有我们想的那么复杂。

4

提升认知能力，打破认知局限，听起来很难，其实有时也很简单，只要你有改变现状的决心，自然就会想方设法让它实现。

当你的认知能力提升了，你就可以有更多的选择，得到更多的收获。

我有个在德国的朋友，是学工程物理的博士，一直在做学问搞研究，经济上一直都不富裕——单纯做学术研究挣不了太多钱。他也为此很烦恼，也想找到一个既不耽误学业，又能挣钱的方法。后来他经过认真思考后，在读博士期间做起了直播带货。一开始很多人不看好他，但他还是坚持了下来，他的想法是：我每天也不可能 24 小时都做学问，就算我花 10 小时做学问，也还有 4 小时能用来做直播。做直播带货，一方面把好东西分享给大家，让大家受惠；另一方面我自己也能够有更多的收入，这是有意义有价值的一件事，为什么不做呢。在他的努力下，他的经济状况得到了改善。你说他和原来有什么变化吗？其实他学习上也没有什么变化，他只是认知改变了。

改变认知，并不是让我们轻率、鲁莽地去做我们原来没做过的事，而是要怀有诚心正意心态，认真思考，结合自身条件谨慎行事。认知上的小小改变，可能就会让我们从自己的局限中跳出来，有更多的收获，过自己想过的生活。

改变，请在下一秒开始 >>>>>>

如何改变现状？这个问题在知乎搜索榜单上常年排名靠前。每个人都活在自己的小世界里，客观环境已经让我们喘不过气来，而更多时候我们自身更加让人绝望。

我们会发现自己不管怎么做，还是原来那个“德行”——不管怎么努力减肥，体重死活下不来；不管怎么用功学习，成绩就是没有提升；不管怎么勤奋工作，工资就是分文不长……但有些东西，好像不用怎么努力就可以改变，比如信用卡每月的欠款，或者你在别人心目中的形象……

改变非常痛苦，改变也非常艰难。也正是因为如此，人们才总是寻找各种各样的办法去改变。

1

在改变现状的方法中，最容易出现的一种“偏方”是不用付出任何努力地去改变。我们经常在网上看到各种宣称不节食、不运动效果还特别好的减肥药，还有各种声称“××天获得巨大改变”的课程，但这些东西如果是真的话，怎么还会有那么多人又花钱又费力地继续追逐改变呢？

就拿减肥药来说，其实有的减肥药也能产生一些减重的效果，但是也要付出一定的代价。不怕大家笑话，我当年最胖的时候也尝试使用过某种减肥药，它有一个神奇作用，就是可以阻断油脂的摄入。简单打个比方，如果你中午吃了水煮鱼，半个小时后就会拉油。我当时觉得好神奇、好棒，确实好像所有油脂都被排出来了。但是大家要知道，这种药多多少少都是有副作用的，而且也不一定能真正起到减肥的作用。第一，油脂其实并不是让你变胖的主因，糖才是肥胖的元凶。第二，吃了这种药后，你要随时做好出现意外情况的准备。有一次，我就出现了意外情况，那天我正好穿了白色的裤子，然后在排出气体的时候又过于用力，后果可想而知……所以，就算是你吃的减肥药真的没有任何副作用，其实你也是要付出代价的。而且，从另一个角度说，那些完全“不劳而获”的改变，通常也持续不了多久。

有人做过统计，中彩票的人中超过80%的人在三年内就会回归原来的生活状态。有些人中彩票后，突如其来的财富一下子改变了他们原有的生活习惯，同时也释放出了他们内心压抑很久的恶，等钱花光的时候也养成了不良的生活习惯，再想改却没那么容易了。一个人的认知能力如果无法匹配他的财富，就算天上砸下来很多钱，可能这些钱也只是一个幸福的诅咒而已，让人如同掉进了美丽的陷阱，再也爬不出来。往往越容易得到的东西，越容易失去，你靠运气赚的钱，早晚要靠实力赔进去的。

2

改变需要付出代价，代价的大小跟改变的收获成正比，你想改变得多，你的代价就大；你想改变得少，你付出的代价就小。你愿意为自己付出什么样的代价，就会收获什么样的结果。这个代价就是你不想、不敢、不能做的事情，这个代价也是你过去的自己。

想要改变，就需要我们去挑战不想、不敢、不能做的事，就需要克服恐惧。恐惧是人类核心的生存机制。因为恐惧，我们才能够居安思危；因为恐惧，我们才有忧患意识；因为恐惧，我们才会产生敬畏心；因为恐惧，我们才能规避风险……恐惧大多源于不可控因素，人总是在一切尽在掌握的情况下心安，一旦不可控，就会出现恐惧。虽然现代社会的人类对生存的恐惧早已经不像面对洪水猛兽，但是一些虚无的恐惧的威力丝毫不逊色于洪水猛兽。说白了，超出意料之外的事情都会令人产生害怕的感觉。比如报告完成不了怎么办？付出的努力没有回报怎么办？他不喜欢我怎么办……我们大脑很难区分不同性质的恐惧，而正是这些各种各样的恐惧才导致我们没有办法行动，进而无法改变。

克服了恐惧，你就敢于付出代价，也就有了改变的机会，你会发现不一样的自己，也会发现自己的能力是无穷无尽的。所以，克服恐惧是改变的第一步。

3

改变就是去打开恐惧的大门。开门的方法有两种，要么直接把它踹开，要么用钥匙把它打开。踹门的方式简单粗暴，意味着直接战胜恐惧，或者说是“用更大的恐惧去战胜恐惧”。这就是为什么往往健康已经受到肥胖严重危害的人减肥最有效果，比如糖尿病很严重的患者，因为他们减肥会更有动力，如果不做出改变就会危及他们的生命。

而什么样的人学习动力最强呢？是高三的学生，大四的毕业生，马上就要失业的人……当一个人看不到出路，或者是正走在命运的十字路口的时候，对未来的恐惧会让他们更积极地去改变现状。然而，大部分人都是只有置之死地才能后生的人，不到最后一刻不采取行动，这也就解释了为什么那么多人很难改变——因为大部分人并没有走到穷途末路，并不恐惧。我的导师罗振宇老师经常被人说他是在贩卖焦虑，其实他也想很心平气和地跟大家讲积极改变的大道理，告诉大家只有多学习才能更优秀……可是用正面说教往往无法让人产生行动力，只能采取负面激励的方式，让人产生“变则生，不变则死”的紧迫感。

用恐惧促发改变行动，其实关键在于让他知道不改变的后果有多么可怕，而不是告诉他改变以后结果会多么的好，就好比让一个人戒烟，只对他说戒烟会对身体好是没有什么效果的，如果告诉他吸烟会引发肺癌，会对身体造成各种不可逆的损害，他可能会马上掐灭手中的香烟。所以用恐惧去战胜恐惧真的是改变现状的一种不错的方式。

4

对于那些不改变也能活着，但是如果能改变会对其自身发展有比较大帮助的人，我觉得有以下几种方法更适合他们：

第一种，尝试给自己立个目标。我自己就是这样，想做出怎样的改变，会在他人面前把目标提前说出来。当年减肥的时候，我说自己如果练不出 6 块腹肌，就给每个人充 100 元话费。熟悉我的读者知道我经常用这种方式自己逼自己，因为我知道自己就算不改变，也能够过得还不错，但改变会让我变得更好，既然没有外界的恐惧来激励我，那么就给自己设计个恐惧好了。立个目标，就是自己给自己设计恐惧，然后去战胜它。

第二种，专注改变的过程。有的人在确定了改变的目标之后，总是纠结自己能不能实现这个目标，能不能得到自己想要的结果，在纠结的过程中难免患得患失，更可怕的是在纠结中浪费了时间。要想不浪费时间，那么就把专注力投注在改变的过程中，把时间花在改变的行动上。因为影响结果的因素很多，而我们自己可以控制的，唯有自己的专注而已。我们唯有专注于改变的过程，相信改变的过程，最终才能获得改变。就像减肥这件事，要把时间花在有氧运动和力量训练上，而不是花大量时间去思考明天体重会不会反弹。不妨列个清单，规定自己每天快走一小时或者做多少组负重深蹲，然后每天去认真完成这些任务，这样即便最后没有达到最初制定的目标，也肯定会带来一些好的收获和改变。

第三种，以终为始，把当下作为积累的新起点。其实我们每天都会有无数次想要改变的动念，但是我们真正决定要付诸行动往往就是在一瞬间。这个瞬间就是你改变的起点。就像准备出门旅行这件事，关键一步其实并不是做计划，而是把票先订了。当你买了不能退的票，你就会发现倒着做计划其实非常实际且高效。就像出国留学的第一步，应该是先把托福雅思报了，报名费一交，然后数着再倒计时去准备，最后就算留学愿望实现不了也无所谓，起码你努力了，对不对？

关注成长比关注成功更重要，关注成长，要关注的是日积月累，而不是现在手头还剩多少存量，所以改变的第一步往往是用一个结果去倒逼开始，改变与其说是积极高效能的行动，不如说是以终为始。当你能够明确地知道最终的结果会是怎么样的，当你知道自己与最终结果的具体差距在哪里，即便你的行动一开始可能没有什么章法，进度比较慢，但是凝望着结果的方向，你的行动就会比较有指向。我身边创业成功的朋友，都是开公司第一天就想好了：哪一天去纽约敲钟，哪一天这个公司被卖掉，然后开始倒计时。以终为始，可以确保行动的正确性，在采取行动前全面分析结果，以此推导出正确的行动方案、策略。以终为始，还可以提高实现目标的效率。因为有了终点的目标导向，在行动的过程中可以少走弯路，减少资源浪费，达到事半功倍的效果。

如果一个人想改变现状，那一定要先改变自己的行动。因为行动可以让人找到自己，不至于处于被动；可以让人扔掉自己过去懒散、拖沓的习惯；可以让人树立积极主动的观念，不断强化内心的正确信念……改变现状，请在下一秒开始，一万年太久，只争朝夕。

04

<<<<< 第四章 >>>>>

从普通人到牛人的进阶

梦想是一种对于自己未来的积极期待，这种期待里蕴含了神奇力量，只有行动起来，梦想才不会变成妄想。

和聪明人闲聊，是最聪明的学习方法 >>>>>>

去南极之前，我一直觉得这将会是一次充满艰难险阻的旅行。对此，我曾经有过许多想象：我们可能会像 Titanic 号里那种最底层的船舱里的人一样，大家都睡上下铺，男女分开住；我们会在甲板上看日出、日落，看暮霭、晨曦，看一望无际的深海，看漫天繁星；迎接一路上的狂风、暴雨、巨浪，并随时做好面对生死考验的准备……但是，当我真的登上了前往南极的邮轮才发现，除了眼前的那些风景，其他我想象的那些好像都不存在。邮轮上住宿条件很好，食物也很好吃，更令人享受的是能够遇到许多来自世界各地的有趣灵魂。

有一位 50 多岁来自以色列的摄影师，叫 Honey，他小时候就喜欢偷妈妈的摄像机去拍照，长大后拿了以色列最棒的摄影大奖，现在是《国家地理》杂志的摄影师。还有个英国人叫 Sap，他非常瘦弱，完全看不出他是英国皇家海军的退役军人，他曾经和三个好友一起开着木帆船，横渡了全世界最波涛汹涌的德雷克海峡。每天晚上能够和这些来自世界各地的聪明人聊天，与这些有趣的灵魂交流，让我的旅行充满了丰盛的体验。与他们相遇和闲聊的经历，可能要比旅途中那些壮丽的景色更加令我难忘。

1

我们平时都喜欢和聪明人聊天，其实这种“聪明”可能更多是因为他们能“领会”到我们的点，能明白和理解我们在讲什么。现在很多人都觉得除了自己别人都是傻帽，他们会有这种错觉，可能是因为他们太在乎别人有没有“领会”到自己的点了，并将此作为是否聪明的评判标准，也就顾不上去发现周围人身上那些闪光的地方了。

曾有人问我：老师，我觉得身边的人都是一群“垃圾”，我在这群人里面最优秀，所以我感到非常孤独，我要怎么办？每次遇到这种问题，我往往会提醒他说：如果你真觉得身边人都是“垃圾”的话，你更需要思考的是，你为什么会离“垃圾”这么近。我觉得他们不一定都是“垃圾”，而是你没有办法发现别人的美或者聪明之处，仅此而已。其实，每一个人在谈到自己热爱的事情时都是聪明人，当你与之聊到爱好的时候，或多或少都会有收获。就像孔子说的：三人行必有我师。

跟身边人讲故事聊天这种方式，在 16 世纪的西方有一个“高大上”的名字，叫作“沙龙”。这种沙龙看起来是私人聚会，实际上却是思想史上很多重要观点的源头。直到今天，在很多历史悠久的大学依然存在着这种非正式的学术俱乐部，延续并且传承着这种“与聪明人在一起闲聊”的智慧生产方式。我们身边的人，不可能都是某个领域的专家或者大牛，但有可能是在某一领域特别擅长的聪明人，通过与这些人聊天可以迅速在短时间内获得你想要的信息和知识，也可以让并不熟悉的人打开心扉，讲述自己的故事和人生智慧。那么如何去挖掘他们的“聪明点”，发现他们身上的优秀之处？这可能还真需要一点技巧和方法。比如你得会提问题、会聊天……聊天看起来很简单，一问一答，没有什么大不了，而这种聊天的问题不能太正式，也不需要太刻意，问题不要限定得太死，也不要太开放，闲聊的状态其实最好，因为一个人本质、核心的智慧，都是在不经意的闲聊中体现出来的。

我以前每次去全国各地做讲座，都会有当地的新东方老师或者其他的工作人员接待，我总是希望在路上听他们讲一下自己的故事，不管是自己的兴趣爱好还是家长里短，这些故事或多或少都会给我一些启发。当你用心与身边人交谈，你会发现每个人都有聪明的一面，所以让我们先从挖掘他们身上的聪明开始，学习身边人的闪光点。

2

如果你一直只在身边小圈子里面聊天，就会发现这样一件事：即使是你认为的“聪明人”，他们身上的故事和聪明之处也很快就会被挖完，也很快会被学完。这就是我们要不断地扩大自己交际圈子的理由。

生在互联网时代，我们有着得天独厚的优势，我们何其幸运能生活在这个时代，只要你有一部可以上网的手机，你就可以学习到任何知识。网络上有各种各样的社群，你可以找到同好或同行们，去跟他们交流。B 站这几年做得非常棒，它的蓬勃发展一方面是由于大家熟知的二次元文化，但是更多的得益于某一领域的深度爱好者，他们分享的知识的深度已经超出了在书本上能学到的内容，这恰恰是 B 站的闪光点。当你与他们在社群里进行交流的时候，你就是在和这个领域里面最聪明的人聊天，当然，除了 B 站，还有知乎、小红书等知识经验分享平台。

互联网的力量，让我们和聪明人的距离如此之近，也让我们有机会从他们身上学到更多的知识、经验和方法。如果这个时候你还在抱怨没有灵魂上的知己，只能说明你完全忽略了身边能够充分使用的工具。

3

不过，再棒的网络交流肯定也比不上一次面对面的对话与学习。这也是为什么我非常珍惜每一次线下交流的机会，不管是行业内部人员的聚集，还是某一领域大咖组织的培训，都是一次难得的和聪明人闲聊的机会。

就像我前面提到西方在 16 世纪盛行的沙龙一样，在中世纪的欧洲，各个行业都有自己的工会。在那时候，不管是铁匠工会还是木匠工会，这个领域的聪明人都会聚在一起，分享自己专业领域的心得。而在现代社会，这类工会可能换了一种形式存在，可能是某一个微信群，又或者是一次经验交流分享会。你们千万不要小看这些一次又一次看似平平无奇的交流，很多时候，你在自己工作中或者某个特殊领域中百思不得其解的问题，都有可能在与别人的聊天中，也许仅仅需要 10 到 15 分钟，就能够让你觉得豁然开朗。

比如说我爱人，她有一段时间对二手奢侈品非常感兴趣，也想通过买卖二手奢侈品来赚取一定收益。但是当她真的深入这个领域，了解到一些行业内部的知识，她才发现原来行业门槛和经营模式并不像她想象的那么简单。其实她之前花了大量的时间在网上去搜寻案例，但是这些纸面上的案例就仅仅是案例而已，远远比不上有过实践经验的过来人进行实际的分享，或者随便路过一个店去跟老板聊两句来得实在。

面对面的交流非常重要，能获得更有用的信息，效率也更高。即便在网络如此发达的今天，面对面的交流获得的实践经验往往要比网上交流得到的更多，线上的互动再高端，也没有办法完全取代面对面的交流。所以，我希望大家不管身处哪个城市，都要尽可能地牢牢抓住线下见面的机会,哪怕一年只能去一两次,也许就是那一次能够彻底改变你的人生。

4

当然，我觉得有一个问题值得我们去关注。那就是，和聪明人交流就要打破空间、地域、维度的局限性。谁说聪明人一定就得是当前的现代社会的聪明人呢？为什么不能和有史以来所有的聪明人闲聊交谈呢？其实，与古人对话也是一种与聪明人交流的方式。

那要怎么跟他们闲聊？当然是读书。在很多人的心中，读书是一件非常枯燥的事情，没有任何乐趣。还有人认为，好书必须跪着读，认为我们要将作者放在一个崇高的、无与伦比的位置上去顶礼膜拜，尤其是那些经典书籍，我们总是会把那些先贤、大家当作神一样去膜拜。

但是我觉得，在很多时候，带着膜拜的心理去读这些书，在某种程度上往往无法领会作者的真正意思。把他们当成神，也许会让读书的人觉得他们的智慧是神的智慧，是不可比拟的，也是自己无法企及的。如果用这种心态去读书，很多时候其实无法真正领会作者的思想，甚至会曲解他们文字中的深刻含义。因为他们虽然是先贤大家，但也是实实在在的人，所以我们不妨从一个“人”的角度去理解他们。把他们当作你的朋友来对话，抱着与作者聊天的心态去阅读一本书，在闲聊中发现和学习他们的过人之处，说不定就会有不同的收获。

孔子说：有朋自远方来，不亦乐乎。无论是身边的朋友，还是网络社区的朋友；无论是专业领域的专家，还是古代的先贤名家，我们都可以用心跟这些聪明的人进行一场对话。通过闲聊获取出乎意料的丰富知识；通过闲聊在不经意间解开深埋已久的人生困惑；通过闲聊吸取人生经验，收获众多智慧。与聪明人闲聊是最奢侈的享受。让我们在闲聊中有所思，有所得，才会不亦乐乎。

听见，先见再听 >>>>>>

有个同学最近很烦恼，私信我说：我通过练习现在已经不再害怕当众开口了，却渐渐发现，自己还不太擅长倾听，没有想到“听”这件事其实挺难的，却不知道该从哪些方面努力。

其实这位同学发现了生活中一个不常被人发现，却又总是困扰我们的问题——如何做到更好的倾听？其实学会倾听并不简单。

1

当众发表自己的见解做起来很容易，倾听却没有大家想得那么简单。有的人会说：我觉得听其实很容易，只要不是生理上有缺陷，人生来就能听，而“说”“读”“写”这些却要后天去学习。抛开“听”的其他功能不谈，我在教英语的时候经常讲到语言学习的第一步就是要听，听其实是最重要的。

我们说正确的语言学习就是听说读写，很多人认为“听”就是类似那种“灌耳音”就行，学习英语每天就不断地去“听”就好，但我觉得所谓的“灌耳音”其实效果有限，就算你听了四五个小时英文，如果你不知道对方在说什么，就跟听和尚念经一样，没有任何意义。想要提升英文的听力，就必须要克服听力的四大障碍，分别是听不清、听不懂、听不快、记不住。对于陌生的语言来说，听清是最基础的，只有先听清才有可能听懂，如果不解决从听清到听懂的问题，就很有可能被拦在一门新语言的大门外。在听懂了之后，我们才能通过技巧和不断地练习去解决听不快和记不住的问题。

语言学习的背后有很多学问和方法，我们在生活中的倾听同样如此，需要克服障碍，去听得清，听得懂，记得住。倾听不是我们以前想象的那样，有耳朵就能听，倾听可能是全世界最简单也是最困难的活动。大家千万不要觉得只要我人不走，坐在那里听就可以。如果真的是这样，为什么那么多学生听了那么多年课还是学不会呢？

我们陪朋友聊天，感觉只要人坐在那里，我们就算是在听。那为什么还有那么多亲朋抱怨“你没有在听我讲话”呢？其实倾听要远比我们想的复杂很多，真正学会倾听的人，会拥有超级强大的竞争力。甚至真正能够听“懂”别人讲话的人，还会有收入，心理咨询师就是这样一个行业，有的咨询师甚至都不需要提供咨询意见，只需要去听咨询者讲话就可以按小时计费，获得几百上千元的收入，这个职业的核心能力就是倾听。

2

所谓的听见，我觉得需要先“见”才能听。我们的中文博大精深，非常神奇的一点就是很多道理在词组中其实已经解释清楚了，那么既然听了，为什么还要见呢？这是因为如果你真正想要听明白一个人，你就需要学会察言观色。一个人想要表达的信息其实只有不到30%是通过语言文字以及语音、语调来传递的，而剩下的60%以上都是通过肢体语言和面部表情表达出来的。在心理学上把这种表达叫作非言语表达，同样的一个词、同样的一个字，用不同的语音语调、搭配不同的肢体语言及面部表情，表达出来会有不同的意思。比如说，“你真棒”这句话，如果用短促的语速及肯定的语气来表达的话可能真的是在夸你，是在说你真的很不错，而如果语音拖得很长，意思就变了，再配合说话的人一个讽刺的表情，他话里真实的意思想必你也不难理解。

一个人的表情其实很难撒谎，所以如果我们想要“听清楚”一个人的真实情感的话，与其仔细听他在讲什么，不如认真观察他的表情。但与此同时，如果真的想让别人表达出自己的真情实感，我们也需要表达出自己的真情实感,这样才可以真情换真情。对于人与人之间的关系来说，真诚是唯一的解决方案。很多人总觉得对身边的人不应该讲真话，感觉说了真话就特别危险，那我们反过来想一想，如果你自己是一个坚硬的核桃，根本敲不开，那你怎么又能指望对方是个柔软的葡萄呢？

所以我见到过的那些倾听大师一开始和你说话时都不会说：“来，你说吧，我来听！”而是先跟你分享他生命中的一些趣事或者是糗事，都是一些听起来好像并不是那么“高大上”的事情，了解这些事情之后，你就会更容易说出自己的真实的想法。这种在心理学上叫作自我表露。如果你也想对某人使用自我表露,那么,刚刚和对方接触还不太熟的时候，可以跟对方分享自己的一些兴趣爱好或者个人嗜好，比如说美食，喜欢吃甜点还是无辣不欢；喜欢听什么样的音乐，民谣还是摇滚，爵士还是古典；或者可以聊聊喜欢的小动物，猫还是狗……熟了之后可以分享一些对热点问题的看法，比如“内卷”还是“躺平”，或者一些对自我的评估。在分享的过程中，如果有共同的兴趣点，你们会迅速从陌生变得熟悉。

如果没有共同点也没关系,可以从不同点开始分享一些“倒霉事儿”，与事事完美的人相比，犯点无伤大雅的小错误可以让人变得更亲切，也更可爱。但是，我们在运用自我表露的时候一定要注意一个问题，就是我们自我表露的目的是更好地倾听，更好地交流，而不是自己一味地去表达。所以一定要以倾听为目标去自我表露，不能长时间地谈论自己，也不要在交流中占主导地位，而是要让对方主动去表达。

3

那么，我们应该怎样学会倾听呢？其实你在倾听别人说话时候的反应，或多或少就能够证明你是否在认真听。你做到最基本的不玩手机，配合着别人的表达做出点头或者是其他相应的反应，对方就可以知道你是在认真倾听，能大致看出你到底理解了多少，懂得了多少。在这个过程中，我们经常使用的表情、语言，甚至是一些姿势和眼神都可以用得上，都可以看作非言语的沟通。其实两个人进行对话，你作为倾听者，就好像跳双人舞的舞者，你也得对你舞伴的表演做出反馈才可以。

你所做的反馈越全面越丰富，那对方的表达也就更生动更具体，才能够真正地表达出他内心真实的情感。甚至还有一些大佬在倾听的时候会专门记笔记，每次交流他都会把对方的话记下来。虽然也有可能并不是全都记下来，就是拿出笔记本而已，但这会让对方觉得你这个人很重视对方，也非常真诚。

4

这时候大家可能都会想这样一个问题：我们在听完之后是否要立刻

给对方建议呢？其实不见得，有些时候我们并不知道对方整个情况，他说的时候也不一定把所有的事情都告诉你，立刻给出建议的话反而会让对方觉得你并没有真正听进去。有的人在倾听的时候，听到了某个关键问题或者细节，会去打断别人，我觉得这样也是不可取的。如果要让倾听取得良好的效果，就不要中断你们的对话，不要去纠结对方表述中的一些细节问题，因为这些细节有可能不太重要甚至毫无价值。而倾听中很关键的一点是要让对方把话说完。

对此我就有一些教训。有一次我爱人跟我抱怨，说在她说第三句话的时候，我就知道她第五句要说什么了。其实当时我只是想着快点去解决这个问题，在她说第三句话的时候我就知道了问题的关键所在，然后就打断了她，开始跟她说解决方案。但往往越是这样，她越生气，最后可能就会导致更大的冲突和矛盾。后来我就想，如果我能慢慢地静下心来，去好好地倾听，去关注她想要表达的那些东西，去关注她的情绪，不急于给她意见建议甚至解决方法，甚至最后说一句：“我也不知道该怎么办了！”反而让对方听了以后会觉得心里更舒服些，因为这从另外的角度证明对方的问题是真实的，而问题并不是那么简单，对方会觉得自己的烦恼、自己的情绪都被你接纳了。

另外，我们千万不能替对方说出没有表达出来的话，就像我觉得自己知道你的第五句要说什么一样，其实这样可能是一种带着偏见，甚至是带着不自知的优越感的思维方式，在倾听中我们要去避免。所以在这种时候，一个不去显示优越感、不急于给出建议的倾听者，反而是更好的倾听者。

当然了，如果你本来就是个德高望重的大师，对方对你的需求就是给出意见和建议的话，那这个时候可能你的倾听也不需要练得那么好。如果你是这样的大师还在读我的书，我在这里非常感谢你。听不易，见更难。我希望大家可以跟我一样，努力学会倾听。听真情，见真心。

学习牛人的思考方式，
是自我提升的必经之路 >>>>>>

前几天看到一篇讲中国饭局文化的文章，说饭局可能是每一个中国人都无法避免的社交活动。确实，在我们的生活中，不论大事、小事、正事、闲事，都可以放到饭局上去解决。但我很讨厌参加一些特别无聊的饭局，一些不太熟悉的人凑在一起，聊一些不深不浅的话题，尤其讨厌一堆男人侃侃而谈地吹牛，你会发现这些人看上去在指点江山、激扬文字，从历史聊到文化，从经济预期聊到地缘政治，最后对全世界的局势做出判断，可是如果真的让他们去做一些实事，却又什么都做不到。

我已经有好几年没去参加这种饭局了。虽然我不能保证自己以后都不去参加这种饭局,但我会尽量少参加那些吹牛的局,我不喜欢听人吹牛，更不喜欢吹牛的人，但我喜欢牛人。相信大家也都很羡慕那些有成就的牛人，那么这些牛人是怎么思考的呢？在我看来，所有牛人的思考都有四个维度，分别是深度、宽度、高度和温度。

1

我们要向牛人学习，最简单的方式就是加深自己思考的深度，其实就是对自己从事行业的深度思考，是对某个问题有更深一步的见解。如果你平时做事只是机械化地完成上级的要求，自己没有任何的学习欲望，那你显然就不可能有任何深度的思考。

任何领域的牛人都会把自己所在的领域研究透，这种透彻的研究不是机械式的学习，不是强迫的输入，而是主动的挖掘。就像《红楼梦》里说的那样——世事洞明皆学问。比如做饭这件事，如果你研究得足够深，也能够从中参透些许哲学意义。我一个朋友是北京城著名的厨师，他做菜的考究程度让人叹为观止。那些米其林顶级菜肴自然不必多说，就连我们平时最常见、最简单的蛋炒饭他都能够做到让人惊艳的程度：用来炒饭的剩饭不能留在锅里，要在常温下放凉，散去水汽：要用手把饭揉开，确保米粒颗颗分明；要先炒饭，把饭炒到很烫再倒进鸡蛋液，这样才能呈现“金花”的效果；不能直接撒盐，要把盐融进鸡蛋液里，这样才能入味且均匀……

举这个例子，其实并不是要教大家做菜，而是要告诉你：只要方法正确，哪怕是蛋炒饭这样普通的食物，都可以成为美味佳肴。只要你的思考有深度，哪怕是你我这样的普通人，都可以成就不平凡的人生。其实，我们一般人想要让自己的思考深度加深，不需要一上来就读一些所谓的哲学，或者晦涩难懂的文章，而是要从细微处入手。

因为那些牛人都是在自己擅长的领域，找到一个点去进行深入地思考，并且能够做到长期深入，并付诸实践，从而到达一个高层次的境界，才会超越常人成为高手。所以我们只要把自己手头上的工作做到极致，自然就能够看到别人看不到的细节，自己思考的深度也能加深。

2

思考的宽度其实最容易被人误解。因为许多人都觉得涉猎广泛是件好事儿，于是认为增加思考的宽度就是什么都看一看，于是变成了什么都懂一点儿却什么都学不精。这种“假宽度”就像在短视频网站上不断地刷视频一样，对事物总是一知半解，最后更多的是人云亦云，感觉自己懂很多，实际上什么都不懂。

增加思考的宽度，最高效的方法就是“20 小时法则”。人家可能听说过“一万小时定律”，这个定律是作家格拉德威尔在《异类》这本书里提到的：一个人要想从普通人变成大师，要经一万小时的锤炼。牛人之所以能成为牛人，未必是因为天资非凡，更可能是他们付出长期持续的努力的结果。成为专家学者需要一万小时，我们学会或掌握一项技能，不需要花费那么多的时间和精力，遵循“20 小时法则”就够了，如果每天练习 45 分钟，大概用一个月；如果可以一整天都能全情投入学习，可能一个周末就可以了，只要你能有效地利用 20 小时，任何事情都适用。所以，如果你真的想要涉猎广泛，最起码要保证自己在某一方面有 20 小时的认真学习，才能够让你在这个领域中达到入门级的水平，所以千万不要只是停留在简单的“了解”阶段，要认真投入地进行学习。

另外一个增加思考宽度的方式是参加牛人的聚会。在这样的聚会上，和其他领域的人多聊天，就会有很多很好的收获。我有个朋友甚至每个月会举办一次思想夜宴，邀请各行各业的牛人来分享自己的心得。增加思考宽度，一方面可以让我们变得更多元，另外一方面也能够逃离思考深度给我们的一个诅咒——知识的诅咒：当我们在自己的专业领域研究得太深入的时候，就会觉得了解其他领域的意义不是很大，也看不到更多机会。

但是，当你试着去了解其他领域的时候，就会发现：如果真的想把自己的领域做好，就要有能够让别人听懂你所做的事情到底是什么的能力。这种跨界沟通不仅能够让你增加宽度，也能够让你知道应该如何在最短时间内让更多人了解你所做的事情。

3

古人说，站得高看得远；而现代人经常会说，屁股决定脑袋，意思是，屁股坐在什么样的位置上，脑子里就会有与其相应的想法。那些牛人不可能一开始就站在很高的位置，那么他们究竟是如何提升思考高度的呢？其实也很简单，那就是——他们在屁股坐还在下面的时候，就能够主动地提高思考高度。我看到的所有在职场竞争中能够突围成功的人，都是在领导还没有要求他站在全局上思考的时候，他已经站在领导角度去思考了。而那些总是干不好活儿的员工，也都有个特点，就是做事情只在自己职责范围内思考。事实上，永远都是职位匹配你的思维，而不是思维匹配你的职位。说白了就是：如果要等到别人告诉你需要去提高思考高度的时候，再去提高思考高度，那永远提高不了思考的高度。

牛人的思想有个普遍特点，这也是牛人与普通人之间一个非常大的差别——牛人特别善于认错。他知道时间是流动的，历史是在不断发展的，所以他从来不会害怕被“打脸”，错了就是错了。而往往越是没那么牛的人，越是习惯固执己见，不知道自己错了，甚至还有一大部分人明知道自己错了，却因为放不下自己的面子，还要坚持自己错误的观点。

如果你站在足够高的高度，就会发现思考是在不断变化的。提高思考的高度，一方面是不要总是想着自己，而是要想着团队，想着全局，甚至想到全人类；另一方面就是不要总是以现在的角度去思考，而是要站在历史的角度去看，在时间的维度上站得更高。说到这里，你也许会说：这……不就是读史吗？是要读史，但也不全是。我国古代的思想家们就一直强调读史的重要性，但是我觉得读史只是一方面，所谓站在时间的维度上去思考，就是要求我们不仅要去看历史，也要看未来；不仅缅怀过去，更要从历史当中吸取教训。

站在历史的角度提升思想高度，并不只是一味地强调过去有多好，认为现在一切都是“垃圾”，厚此薄彼，如果这样的话，就已经在思考的高度上“翻车”了。只有能够对现在有所思，对未来有所想的人，才是真正有思考高度的人。

4

思考的温度，其实就是一种人文关怀，一种博爱。这听起来好像很虚假，但是这世界不是一场生死游戏，不是你抢我一块蛋糕，我就要分你一杯羹汤，而是需要共同发展，需要双赢思维，是需要把蛋糕做大，是大家都好。没有这种带着人文关怀的思考温度的话，这个世界是无法想象的。

牛人是开创行业的人，他们在全新的领域拓荒，让进入这个行业的所有人都能够有一份收入。比如罗振宇老师，正是他开创了知识付费行业的先河，创造了很多线上知识付费的新职业，比如说书人、图书解读者等。如果他只是抱着所有人都来我这听课的想法的话，那他现在也无法做到这样的高度。任何一个行业的开创者，都希望开创出来一个更大的行业空间。如果你发现自己所在的行业里面所有人都像豺狼虎豹一样拼得你死我活，那我劝你早点考虑离开这个行业。因为在比狠的世界里，会有很多超出你认知的狠人，比狠之后，不管谁赢谁输，抑或是两败俱伤，你都会感到悲哀，而那份发自内心的冰冷是无以名状的。

所以希望你的思考是有温度的。爱世界、爱人类、爱身边的人，只有这样，你最终才能爱自己。所以，当你问我应该如何像牛人那样去思考，我会告诉你：应该从最基本、最容易的思考深度来进行实践，不断地提高自己在某方面的能力，然后再增加宽度，同时不要忘记拔高一下自己思想的高度，最终成为一个张弛有度又有温度的人。

向失败者学习，是成功者的共性 >>>>>>

在我这么多年的英语教学生涯里，我觉得一个最有效的教学环节就是让学生进行一对一的纠音训练。但由于时间关系，不可能每位同学都参与进来，我与某位同学进行纠音时，其他几百位甚至几千位同学就只能在一边听着我们一对一训练。有的同学就会问我：老师，是不是我只有被选上才能够有进步啊？我总是这样回答他们：其实不是这样的，在听到别人错误发音的时候，你自己也可以改正，而且很有效果。我当年在北大读书的时候也是如此，我们每个班人数并不少，因为时间有限，老师每节课只会请 1~2 位同学进行纠音，但是每一次在听到其他同学出现发音问题的时候，我们都会对自己的发音进行改进。

孔子说：“见贤思齐焉，见不贤而内自省也。”看到别人的过错来反思自己的不足，由此而来的这种进步往往是最快的。学英语是如此，人生的其他方面又何尝不是呢？如果所有的错误你都要自己犯一遍才能够进步的话，那你的人生该多么坎坷啊！

1

如果说成功的人有什么共同特点的话，那就是他们都喜欢向失败者学习。股神巴菲特的合作伙伴和良师益友查理·芒格有一句经典的名言——如果我知道我即将死在哪儿，我一定不去那儿！这句话的核心思想就是要避免犯错误，如果能够避免跳进任何的坑，我们就可以成功了。

曾国藩曾经说过：“天下古今之庸人，皆以一惰字致败；天下古今之才人，皆以一傲字致败。”意思是，天下的失败者只有两种，一种是庸人，而另一种是有才能但骄傲的人，这两种失败的原因是不一样的：庸人是因为懒惰而失败，而有才能的人却是因为骄傲而摔跟头。古代的圣人教孩子或弟子的时候，都是教他们从前人的经验教训和错误中学会反思。其实研究别人的错误案例要比成功案例有用得多，很多时候成功的途径并没有那么复杂，我们唯一需要做的就是避免去做前人已经做过的会失败的事儿。

现代人可能有些时候忽略了这件事情的重要性，我们大多数人都愿意看成功者的成功故事和励志鸡汤，这些确实不会给我们带来多大收获。但真正的成功学并不是眼中只有“成功”这个目标，而知道如何避免失败，恐怕才是真正的成功学。

2

为什么说能避免失败才是真正的成功学？从最简单的层面上来讲，成功的人可能并不会把他成功的真实原因告诉你，你以为的成功和他真正的成功之间，可能差了十万八千里。

有一些所谓的成功人士，他自己爬上去后会把梯子踢倒，然后告诉你，他是从另外一条道路上来的，但是这种人一般不会成功太久，因为他有太多见不得人的地方。还有另外一些人，他们可能并没有想去刻意地误导大家，但其实他也不知道自己成功的原因是什么，很多时候一个人的成功很有可能只是运气好，刚好踩上了风口而已。只有研究那些能长久保持成功的人，看他们到底为什么最终会获得成功，才会有实际意义。事实上，那些能长久保持成功的人，他们会经常去总结自己和身边人的失败的教训，从中吸取经验。

作为老师，我也会不断地要求大家去梳理自己的错题本，无论是学习英语还是学习其他的科目，可以给自己改错，也可以给别人改错，这种从错误中取得的进步，其速度会远远超过从成功中取得的。

天底下哪来那么多成功？成功背后往往是一将功成万骨枯，毕竟成功的概率是相当小的，之所以我们能看到这么多成功的案例，是因为存在“幸存者偏差”，江湖上流传的总是成功者的传奇，你只会看到他如何英明决策，一路飞奔，突出重围，不畏艰险，坚持到底，可这对于你来说又有什么意义呢？当我们研究成功学时，总是倾向于寻找那些世界上最成功的企业家，比尔·盖茨、马克·扎克伯格、伊隆·马斯克……如果我们只关注他们是如何获得成功的，也许就会被他们成功的光环迷惑，也就看不到与他们同期的其他创业者的遭遇。比如比尔·盖茨和马克·扎克伯格都从名校辍学，幸存者偏差会让你倾向于追随他们的脚步去勇敢创业，却忽略了那些尝试与他们走上同样的路但是失败的人的经历。

反过来向失败者那边多看看，你会发现失败者的经历都很“透明”。成功者的经验你可能无法复制，失败者的经验却可以让你避免踩雷。一个人可能要凑齐 99 个充分必要条件才能够让他成功，但往往只要有那么一两个致命的原因就可以让他失败。成功也许有很多相似，但每个人的失败都不一样，当你积累了足够多的失败案例，你就有可能避免踩到那些最大的坑。

诺基亚手机曾经代表了一个时代，却好像在一夜之间就从我们身边消失了。诺基亚的失败表面上看来是不愿意转型，但是实际上，它是被自己的优势困住了，有的时候优势反而成了劣势，诺基亚这种规模的大型公司，在经营战略上早就提出要拥抱互联网，可是事与愿违，再伟大的战略，没有良好的执行力也毫无价值。

对于我们个人来说，面对机遇和挑战，只有勇于面对，敢于尝试，不折不扣去执行，才能抓住机遇，迎接挑战。我研究过很多高考状元的案例，他们起初都非常的优秀，但是等进入大学以后就慢慢变得平庸，有的人在工作以后就泯然众人。因为他们过去成功的光环实在太大太亮，这让他们束手束脚，不敢去尝试其他，迎接新的挑战，于是只能越来越平庸，一条道走到黑。我们可以从他们这种失败中学到一点——不要轻易模仿别人的成功，也不要被自己过去的成功束缚住手脚。

3

当然，一些失败者的经验和教训对我们也是一种警醒。比如，一些人过分暴露自己的弱点，或者过分相信自己。每年我都喜欢看一看中国投资人的十大失败案例，有些人的失败只是造成了巨大亏损，而有一些人却家破人亡。这些失败者可能在前面 99 次的投资中都非常优秀，但是这一次失败可能就会让他们变得一无所有，因为他们没有掌握反脆弱的技巧。所以我告诉自己，在投资中，尤其是大额投资，千万不能有孤注一掷的行为，要让风险可控。

当我们在学习失败者案例的时候，尤其应该学习那些先成功后失败，或者是先失败后成功的人，也就是那些人生中有转折的人，这些才是最好的案例。

乔布斯 20 多岁就成立了苹果公司，可以说非常成功，但是在他 30 岁的时候被自己的公司解雇了。当时，他成了硅谷乃至全世界的笑柄，但在接下来的五年里，他发自内心热爱的事业并没有离他远去，他又开了 NeXT 公司和皮克斯电影公司。皮克斯电影公司制作了世界上第一部全电脑动画电影《玩具总动员》，而 NeXT 后来被苹果收购，他本人也回到了苹果公司，iPod 等苹果产品中都应用了乔布斯在 NeXT 开发的技术。如果不是苹果解雇了他，这一切都不会发生，而被解雇后的乔布斯并没有让过去成功的名望成为他的负担，他坚持寻找自己真正热爱的事情，直至成功。像乔布斯这样，由成功走向失败，又从失败走向成功的案例更值得我们学习。

所以，与其看某一个人短暂的成功，不如去看这些经历过不止一次成功的人充满转折的人生。

4

可能所有人都在想一个问题：一个人能够成功，到底是他用对了方法还是其他的原因？我们怎么知道这个方法到底管不管用呢？这个时候我们就需要学习简单的统计学，去进行一些统计学的运算，计算一下成功的概率，这也是我在这本书里要告诉大家的——我们一直要坚持的，就是要做在大概率上会成功的事。

我们去研究成功人士案例的时候，要看成功者案例的共性。幸福的家庭都是相似的，但是不幸福的家庭是各有各的不幸；失败的原因有无数种，但成功者的共性可能就那么几个。如果一定要学习成功者身上的方法，就多去研究成功者身上的共性，比如——成功的人往往都是乐观主义者。

虽然悲观主义者喜欢未雨绸缪，但是只有乐观主义者才能改变世界——即使这个世界会有黑暗，但我还是选择去爱它。乐观主义者不会因为一次失败或者一次走偏就彻底爬不起来，他们的逆商非常强大，这是所有成功人士的共性。我们应该去学习的正是这些成功人士身上的共性。

我们也要去了解每个失败者不同的案例。把失败者的经验和教训当作自己的错题库一个一个收集起来，把成功者的共性当作指南针，把失败者的不同当作排雷地图，我相信，这样你和我都能够离成功更近一些。我想，我也算是一个乐观主义者吧，因为无论我这一路走来经历过什么，我还是愿意去相信——相信未来，相信改变。保持对梦想的热爱，保持奋斗，很多人因为看见而相信，而我，因为相信而看见未来！

开始行动，以渺小启程，以伟大结尾 >>>>>>

在之前的章节里，我跟亲爱的读者们分享过一个观点：我觉得非洲人很快乐。其实还有一群人和非洲人一样快乐，那就是幼儿园的孩子。如果要说幼儿园的孩子和非洲人有什么共同特点，那最明显的应该就是他们一直在行动，从来不会花太多时间去思考。你看四五岁的小孩儿是不是充满了干劲儿，他们总是很有活力地一直跑，一直跳，一直说话，想到就去做，随时都能雷厉风行，一直停不下来，像一部不知疲倦的永动机……小孩儿会有很多你不能理解的奇怪行为，比如一个小朋友给她的洋娃娃喂水喂饭量体温，还带着一起睡觉上课上厕所……当你问她，你为什么要带着洋娃娃做这些事儿啊？她一定会理直气壮地回答你：我就是要做这些！要你管！

“要你管”这三个字真的是掷地有声。这恰恰说明一个小孩很多时候做事其实是不需要理由的，他们总是在不断行动，通过行动不断扩展自己能力的边界，从而找到自己真正感兴趣的事情。作为成年人，我有些时候真的特别羡慕孩子的行动力，正所谓“初生牛犊不怕虎”。而反观我们自己，害怕的不仅是“虎”，更担心的是自己心中的那个魔鬼，战胜不了心魔，就无法开启任何行动。

为什么我们不能像孩子那样想到就去做？是因为有的人能力太差，还是因为人类的惰性使然？我认为并不是因为能力差，也并不是因为懒，而是因为我们被自己内心的恐惧囚禁住了而已。凝视深渊太久，最后发现自己已被困在坑底。

1

深渊不可怕，坑底也不足为惧，无法行动起来跳出坑去，才最可怕。很多朋友都认为我是一个行动力特别强的人，因为我一直在不断尝试各种不同的事情。其实我和所有那些牛人一样，没有什么天生的神力，只不过有一些小小的方法或技巧而已。这个方法其实就是——给自己找一个教练。亲爱的读者，你如果想要提高某方面的能力，让自己立即行动起来，我觉得首先要做的就是去寻找一个能够不断激励自己前进的教练。你还记得自己什么时候行动力最强？有人说是考研考证前夕大清早去图书馆排队占座位的时候，更多的人告诉我，是自己在高三的时候。

高三的时候为什么行动力强？是因为高三时你学的每一门学科后面都有一个老师不断在逼着你，让你随时都在行动，丝毫不敢懈怠。所以你就算再差，觉得前进再困难，也不会在某个地方停留太久，否则稍一停留，你的老师就会拿着“小皮鞭”上来鞭策你这只“离群”的小羊。所以我在想，作为成年人的我们能不能尝试着也给自己请几个不同的老师,或者我觉得教练这个称呼更为恰当,在教练的鞭策下使自己得到提升。

有的时候，我们之所以没有行动力，其实是因为未知。我们不知道自己的方向在哪里，看不到自己身上的长处和缺点，有时候觉得自己已经准备好了，但是又总觉得还差了一点什么……而一个好的教练，对于想要提升的我们来说就是灯塔和指南针，不但可以为我们指明前进和努力的方向，还可以为我们照亮一段前路。教练是一面镜子，让我们可以发现自己身上的优势和劣势，更精确地为我们的行动提供指导。教练其实更是一味催化剂，将我们的学习和准备升华，提升我们的行动力和执行力，让我们可以更快速地实现目标。所以如果觉得自己行动力差，最直接的方式就是砸重金给自己请一个能够驱动自己不断前进的教练。

有了这个人，我相信一定可以激发出你内心的潜力，行动会有方向，心中充满力量。

2

没有行动的梦想只能被称为妄想。当然，被强迫着行动始终是一件不愉快的事，如果过分地逼迫自己去行动，对自己的压迫太用力的话，可能也会导致压力过大。有一段时间我每天晚上只能睡三个小时，闭上眼睁开眼想的都是下一步要做什么，我的爱人就经常抱怨我总是逼迫自己，把自己搞得压力很大。

所以我就在想，如果行动力有段位的话，那么最初级的段位就是请人不断地去督促和逼迫自己，赶着自己不断前进，去实现一个目标。可是我们如何能达到一个更高级的段位呢？后来我发现，想达到更高级的段位要拥有孩子那般的初心，是不管结果如何，只为行动而行动。为什么说孩子的行动力强？因为他们不在乎失败的结果，他们愿意不断去尝试，而我们成年人行动力差，很大一部分原因是我们总害怕某件事情做砸了会丢人，会对不起自己心中过高的要求。对结果有期待很正常，可是我们往往被那份期待捆住了手脚。

我上课的时候，很多同学都在问：老师，我应该怎么把英语学好？我说：其实学习英语很简单，每天早上起来大声朗读半个小时，坚持两个月就会有很大的变化。但是大家的问题往往不是“老师，接下来我应该怎么坚持？”，而是在还没开始做这件事的时候，就问“老师，万一我坚持了两个月还没有变化怎么办？”我有的时候觉得很心痛，因为他们还没有开始行动，就在计算行动失败的结果。事实证明，凡是能够坚持晨读两个月的人都有变化，认真的人变化的概率至少在80%。而那些没有变化的人，往往就是一上来就质疑没有变化怎么办的。

心理学上把这个称为“自证预言”，人会不自觉地按已知的预言来行事，最终令预言发生。所以当你自己觉得做一件事情没有效果的时候，你自然就不会把它做出效果。正是因为这样，很多时候我们没去采取行动，更多是因为心里面已经预设了自己做的一切都是徒劳的。而这一切跟西西弗斯永无休止地把大石头滚上山顶做重复机械的工作还不太一样，你认为西西弗斯徒劳无功吗？我倒觉得西西弗斯一次次将巨石推上山顶或许是在享受这个过程，说不定西西弗斯本身就是一个小孩。小孩玩泥巴或者滚石头，这些行为好像看不出任何意义，可他们享受的就是这件事情本身，他并不在乎别人的评价。当你开始做一件事的时候，也能达到这个境界，那么你的行动力就会出奇的高。

那些在相关领域做到数一数二位置的人，他们几乎都有这个特点，都有像孩子那样“玩世不恭”的心态，他们更关注做这件事情本身的过程。赤子之心的可贵，不仅仅是天真，也是孩子享受事物过程本身，在发挥探索世界的那份天性。

3

如果说提升竞争力最简单的方法是断自己的后路，找人逼自己；最有境界的做法是找到孩子般探索世界的初心，享受行动本身的乐趣的话，那么有没有介于这两者之间的第三种方法呢？我想是有的，我们可以试着把所有的任务想象成一盘沙拉，或者一道甜点，或者是随便一种美味佳肴，我们要做的就是像一个厨师那样去把所有食材整合在一起，让营养和美味发挥最大的效力。

其实很多时候我们为了营养更均衡，会把很难吃的食物搭配着好吃的食物一起吃下去，或者是通过合适的烹调方法制作一下，这样的话就不会因为某种食物过分难吃而不去吃它。就像清炒苦瓜太难以让人接受，但是苦瓜煎蛋我相信大家都能吃得很开心。所以我们在行动的时候可以把不想做的事情和想要做的事情搭配在一起，把“意义重大但是很难的事情”和“意义不大的事情”混到一块儿去做。

有些事我们之所以不愿去做或者行动力比较差，是因为发自内心排斥那些工作。每个人都有自己排斥的事情，比如，有些人不喜欢写报告或者和客户对谈，他喜欢自己一个人进行思考；有些人喜欢与别人不断交流沟通工作，却很讨厌完成那些相对程式化的自我总结，或者说表格一类的数据工作。我们都希望自己的每一份工作、每一个行动都是自己

100% 喜欢的，但这种概率真的很低。这世界上只有极少数的人，他工作的每一个环节、每一分钟都是他喜爱的，但是事实告诉我们，就算是拥有世界上最完美工作的人，也会有一部分是他们不想做的。即便是最棒的足球明星梅西、C 罗，虽然他们很喜欢足球，但是他们很讨厌长跑，而作为足球运动员必须要提升自己的肺活量，通过长跑来锻炼心肺功能是必须的。再比如在吃饭方面，C 罗已经是全世界最棒的球星了，他每天吃的饭都是严格按照营养需求搭配制作的，他的队友们曾经抱怨一点儿都不想去他家开派对，因为每次吃的都是蔬菜沙拉和蛋白棒之类的东西，无味至极。难道 C 罗就真的喜欢吃那些东西吗？不见得。他之所以能咽下那些苦，是因为他知道伴着苦的，还有甜，那些因为坚持自律带来的成效可以在运动场上发挥作用，这个痛苦的过程在目标面前就变得不那么苦了，甚至非常有意义。

还有一种方式就是我之前讲过的微习惯，你可以每天给自己安排一个小到不能再小的任务来作为自我启动的开始，比如只做“一个”俯卧撑。假设你的目标是每天只做一个俯卧撑，在你完成了这一个之后你已经摆好做俯卧撑的姿势了。做俯卧撑最难的是什么？就是趴在地上，然后摆出做俯卧撑的姿势。所以当你完成了这个最难的环节之后，你就会想也许还可以再做一个……因为你知道一旦你已经摆好了那个姿势，后面就可以开始顺势操作了，我们大脑正是需要这种欺骗性的活动。同理，你也可以定一个每天只看 10 页书的计划，这个计划一旦开始，很有可能你一周就能看完一本 200 页的书。

所以如果你有一份 20 页的报告要完成，那就先告诉自己，只需要完成报告的 1/5 就好，今天就只完成这么多。定一个容易实现的目标是为了让身体和大脑尽快进入工作的状态，当你完成这 1/5 后，大脑就会给你一定的多巴胺奖励，你再完成下一个 1/5 就不会那么困难。但是如果你一上来就告诉自己说，今天我的目标就是要把这 20 页的报告全部写完,不写完的话不能睡觉,那么大脑可能一下就觉得这个任务太过艰难，你的行动就会半途而废或者无限拖延，这大概就是所谓的万事开头难吧，所以我们做任何事都要开个好头。

4

能够让一个人持续产生行动的最高境界，其实依然是那个我们已经说烂，但依然在用的词——梦想。梦想是一种对于自己未来的积极期待，这种期待里蕴含了神奇力量，只有行动起来，梦想才不会变成妄想。

梦想产生的行动力是惊人的。在学生时代，你的老师也许问过你：长大之后你想成为一个什么样的人？这个时候，你的梦想是对自己深入的认知与探索。如果你做过有关职业生涯的咨询，你的咨询师大概会问你这样一个问题：5年后你最完美的一天是什么样的？这个时候，你对自己的规划就是你的梦想。如果你在看到这个章节之后为自己找到了一个能鞭策你立刻行动的教练，当你完成了一个超完美的跳跃，教练也许会问你：你回顾一下，自己是怎么做到的？这个时候，你的梦想就是你跳跃的心情，也就是打破障碍时看问题的角度。所以，梦想一定要有。

如果你想让自己产生持续的行动，就一定要不断地去想象一个更加美好的自己，哪怕只比今天的自己稍微好那么一点点，也会在你内心当中产生强化印象。虽然我比较反对成功学大师们过于洗脑的自我催眠，但是我很支持大家去畅想一下自己在未来将会变得更博学、更睿智、更有判断力，或者说能够更自信地表达之类的改变。当你能够非常具体地想象出那个画面的时候，你行动的阻力就会变得很小，而行动的动力将会变得很大，你将不再犹豫，立刻行动。

有梦想，只是第一步，如果想让梦想启动自己，除了有具体的想象目标之外，最好还要去想一想在这条路上你会遇到怎样的困难，以及你会用什么样的办法来解决问题……你对困难与办法的想象越具体，你的行动就会持续得越久。不管怎么样，好的开始是成功的一半，千里之行始于足下，希望大家都能行动起来——以渺小启程，以伟大结尾。

05

<<<< 第五章 >>>>

认知升级，助你在信息社会勇往直前

你赚到的钱，其实都是你的认知的变现，所以当我们想要获取知识和信息的时候，就应该拼尽全力拓宽获取信息的领域，而不是只停留在某一个点面上。

重新认识批判性思维 >>>>>>

不知从什么时候开始，“批判性思维”成了所有教育工作者谈论的热词。这个概念原来只在大学阶段会被讲授和强调，可是现在在高中、初中、小学，甚至在一些优秀的幼儿园里面都会被提到。

这个名词几乎每个人都听过，但知道准确意思的人不多，很多人对批判性思维的理解其实是错误的。

经常有学生们问我：老师，我要如何提升自己的批判性思维？

而我总是这样回答他们：如果真的要提升批判性思维，首先你应该批判你认为的批判性思维。

1

什么样的批判性思维需要被批判？现在有太多人把消极思想当作批判性思维；把愤世嫉俗当作理性思考；把乐观主义当作“傻白甜”，觉得没有任何的学习价值。这些错误的认识，都需要被批判。

其实，真正的批判性思维与乐观或者悲观都没有关系，与成功和失败也没有关系，它只是一种思考模式，是一种我们看待世界的角度和态度。如果以批判性思维去批判、否定身边的一切，那对批判性思维的认识就失之偏颇了。人和物最重大的区别在于——人是可以自我革新的，而物体是一成不变的。物体的改变需要受到外力的影响，而人自我革新的方式在于积极、主动的思考，但是主动思考不等于主动学习。

生活中就有很多这样的人，总喜欢对别人品头论足，一看到身边有人获得了某种成功，取得一些成绩或一些进步，他们就会抱着“批判性思维”去解构那些人，总觉得事情不像看起来那么简单，于是开始分析他们成功背后那些所谓的真实因果。我见过太多这样的职场“老油条”，一个个看起来城府都很深，但是他们每天把 90% 的精力都放在“欣赏”他人上，而不是用来提升自己，而用来强化自己的时间可能都不到 10%。这种无意义的主动思考，对提升自己毫无益处。

更有趣的是，当好事发生在别人身上的时候，他们总会觉得没有那么简单，而当同样的事发生在自己身上的时候，他们却会把功劳都归于自己的努力，而不是归于撞上了大运或者是外界环境的改变。这么想一想，是不是很无厘头呢？

2

批判性思维是以一种合理的、反思的、心灵开放的方式进行思考，从而能够清晰准确地表达、逻辑严谨地推理、合理地论证，以及培养思辨的精神。真正的批判性思维，是能够把知识的表象和本质区分开来的能力，是能够了解事物真实的因果关系，并透过现象看本质，做到一切尽可能的客观。批判性思维要求一个人能够克服以自我为中心，敢于自我质疑，尽量做到客观地分析、评价、总结。

我们在分析别人的成功时，总是习惯性地把成功的原因归咎于外界，而在分析自己成功的时候，则把成功的原因归结于自己内在的努力。与之相反，当别人失败时，我们会说是他自己不够努力；而自己失败时，则都会从外界寻找借口和理由。这就是我们平时最常见的一种错误思维，不能客观冷静地去看待事情。

正确地用批判性思维来思考，我们就要跳出这种非客观的思维局限。想要让自己不再犯这种最简单的批判性思维错误，可以尝试先将自己抽离出去，再客观审视。古往今来，有很多牛人、伟人都是这么做的——恺撒写书的时候就用第三人称，说“恺撒怎么样……”。因此，他可以冷静地观察自己，他分析自己错误的时候，会把错误更多地归结于自己的内心，从而能够客观地指出自己哪里出了问题。古代的皇帝称自己为

“朕”的时候，其实也是一种自我分离，自我分离的思考方式可以让我们对事情进行较为客观的归因，从而避免错误的归因。

错误的归因在现实生活中其实很常见，比如大部分的迷信就是缺少了批判性思维，比如“左眼跳财，右眼跳灾”，比如数字 4 意味着不吉利……虽然大家都已经习惯了生活中的这些个“小迷信”，觉得无伤大雅，但是很多时候，可能一个看起来不经意的“小迷信”会影响你的某个不怎么重要的决定，而这些小的决定，堆积起来可能会改变你的一生。我虽然不完全排斥风水、星座这些东西方人民喜闻乐见的话题，但我对这些事情也确实无感，有时候更无法理解。我无法理解有些人在找工作的时候要找和自己星座相配的，更不能理解有些人在决定是否要做某件事或者进行某项投资时，不是去做真正的因果关系分析研究，而是像抓阄算命一样选一个“良辰吉日”就去做了。

当然，你可以把这些简单地说成是老祖宗的智慧，但如果我们一切都按老祖宗智慧行事的话，那现代科技也就没有任何发展的必要了。所以我们真正应该用到批判性思维的地方，就在于分析生活中这些无数微小的因果关系，去思考自己做某个决定到底是出于什么原因。当你发现你能够更好地去分析因果联系的时候，真正的批判性思维也就自然而然形成了。

3

那么，批判性思维为什么如此重要呢？我认为批判性思维可以让我们每个人独立思考。在当下的生活中，我们每天都可能要去应对很多新的问题、新的挑战。如果你不具备批判性思维，不能独立去思考的话，那你的人生观、价值观，以及你生活中的一切，都会被你身边那么几个重要的他人决定。他们说什么你就信什么，他们做什么你就做什么，他们买什么你也跟着效仿什么。当然，这个身边的人不仅包括你的朋友、你的家人，也可以是在网络上影响你的人。之前我讲过，我们本来可以用互联网来突破认知，现在由于大数据算法的原因，我们会被自己喜欢的信息包围，而本来我们可以从身边亲朋好友那里获取有价值的信息，也会因为大家获取信息的模式固化而令这些信息变得越来越没有价值。现在看似人人都在谈批判性思维，可是人们的思维在不断固化，当一个人太习惯于固定的思考方式，就很容易会接受别人的理论，因此就很难从固定的轨道上、固定的视野中、固定的框架里跳出来。所以我们才需要用批判性思维去构建理论、方法、程序、策略，以另一种方式、另一种眼光去看待问题。

批判性思维除了让我们去独立思考，还会帮助我们发现问题，让我们能够去反思自己的生活、工作和学习，其实我们在生活中、工作中、学习中遇到问题，想要解决它，就需要用批判性思维去发问，能够提出好的问题就等于解决一半的问题了。

那么，批判性思维如何获得呢？首先还是读书，不是读最新最热的书，也不用读我的书，而是要去读那些被大浪淘沙之后保留下来的书，那些需要你去拼命思考才能够读懂的书，因为你必须在深厚久远的人类文明中去学习、去思考、去锻炼。比如，多读一读关于哲学辩证法的书，读这一类的书就好比锻炼身体，你的大脑也会因为你看待问题时习惯性地用对立统一的方法去思考而得到锻炼，因为你在读书的时候，需要把具体的文字转化成抽象的画面，把书面的叙述转化成网状的知识，在给大脑做健身操的过程中，也使批判性思维得以提升。

在进一步提升自己批判性思维的时候，应该读一些观点不同的书籍。就比如我们在思考经济学问题的时候，不仅应该去读哈耶克的《自由市场经济》，也应该去了解一下国家对经济干预的案例；在思考我国传统文化的时候，不仅可以读儒家，也可以去读读法家……当你读的书范围足够广，所持的观点够复杂并且存在一定矛盾的时候，你才能够真正去建立自己的判断。

你可能会问，那我心中有太多互相矛盾的观点怎么办？正如《了不起的盖茨比》的作者所说的，“检验一流智力的标准，就是看你能不能在头脑中同时存在两种相反的想法，还维持正常行事的能力”。这才是一个成年人的样子，一个成熟的人的典范。

4

在当今社会，批判性思维的另外一个重要用途是辨别真假新闻。我特别不喜欢用“fake news”（假新闻）这个词儿，虽然有来自不同渠道的新闻，但我还是相信主流媒体人的职业操守。但是，有时候一些人听到和自己观点相左的新闻，就说：“这一定是假新闻！”

所以，这些人的评判标准就从事实判断变成了价值观判断，他们喜欢的，符合他们利益的，就是真的新闻，相反，就是假新闻。在我们日常生活中当然也有可能遇到假新闻，尤其是在自媒体如此发达的年代，那怎么样去判断一条信息的真假呢？其实在大学英文必修课里有一个词叫 cross reference（交叉引用），运用到现实中就是，当你看到一条信息的时候，你应该确保这条信息至少有两个不同来源，才能够初步判断它的真实性。但这还不够，即使一条信息由多方共同确认了，这也只能保证信息在传递过程中没有造假,但还有一种可能是,信息本身就是假的。

所以我们不应该在拿到信息的第一刻就过早地做出判断，尤其是价值观上的判断，这也是近几年在网上有特别多的消息评论到后来出现“神反转”或者“打脸”的原因。我觉得真正的批判性思维是要能够站得更高，看得更远，与其去关注那些快变量，不如去关注慢变量。很多时候，我们在面对社会中出现的各种现象时，其实可以不急于立刻做出判断，而可以抱着一种寻求慢变量的心态去观察，这才是批判性思维更高层次的体现。

批判性思维不是简单否定一切，更不是愤世嫉俗的悲观心态。一个悲观主义者可能能够判断对那么一两次，只有乐观主义者才能够获得成功。而理性乐观主义就是能够正确地使用批判性思维，与此同时又保持着对一切美好事物的追求。所以，最终能够获得长期成功的是那些理性的乐观主义者。

最后，我想跟大家分享我特别喜欢的一句话——不管这个世界多么的混乱，还是要选择去热爱它，并通过自己的一点努力去改变它。这可能才是对批判性思维最好的应用，共勉。

刻意练习的四个核心条件 >>>>>>

很多理论在传播过程中都会被曲解，比如大家熟悉的 1 万小时理论。我们可能都听说过，一个普通人在某个领域花 1 万小时学习就会成为专家，如果真是这样，我们现在都应该是吃饭的天才、睡觉的天才或者是走路的天才了！我们都花了超过 1 万小时做那些事情，最后发现自己并没有提升，这是为什么呢？

因为只靠时间的单纯积累是没有用的，真正能让我们获得进步的是刻意练习。

刻意练习的概念到底是什么？有人总结，刻意练习是一件特别高效、特别“爽”的事情，但如果你觉得刻意练习很舒服，那就说明你的刻意练习并没有到位，因为真正的刻意练习有四个核心条件。

1

第一个核心条件：刻意练习一定要有一套具体可行的方法。经常有朋友问我，想要在某方面提升应该采用什么样的方法。每次遇到这一类问题的时候，我都会想起我经常用来鼓励自己的一句话：这个世界上我遇到的所有困难，之前肯定也有人遇到过。我不可能特殊到是第一个遇到这类困难的人，我也不可能是第一个想要解决这个问题的人，如果真是那样的话，那我要恭喜我自己，我要拿诺贝尔奖了。事实上，现在各行各业、各个领域，大到企业管理，小到把某道菜做好，在网上都有很多具体的、可操作的方法，都可以帮助我们去参考、实践。我们经常说“磨刀不误砍柴工”，而“磨刀”的过程，其实就是寻找方法的过程，一旦方法找对了，练习到位就可以。

我走遍七大洲，发现中国同学是全世界最努力的，但是在语言学习方面，中国同学却比较吃力，而且较难突破哑巴英语的阶段，这是为什么呢？其实只要掌握一个小方法就可以了，那就是：一切从“听”出发。咱们中国人学习语言也是从听说读写开始。但是很可惜，大部分中国学生学习语言的方法是“读、写、背”，他们非常努力地去读课文、背单词、写作文……觉得自己很努力，但最后除了感动了自己，没有任何用。根据美国保罗·兰金教授统计，“听”占人们日常语言活动的 45%，“说”占 30%，“读”占 16%，“写”仅占 9%，由此可见“听”在语言交流中的重要地位。提高听力不仅有利于说、读、写这三项技能的发展，还能为开展日常交际打下坚实的基础。事实也是如此，以我从事英语教育多年来的观察，凡是在英语教育中注重听力的地区，学生的英语水平普遍都比较高，比如广东省和上海市是全中国最注重听力的地区，其实这两个地方的老师并没有什么特别之处，只是注重了听力的教育。其实只要方法对了，练习一个小时要比用错误的方法练习十个小时还管用，其他很多事情也一样。

比如说减肥，其实有一个特别重要的方法就是多喝水，你运动得再多也没有你一天喝够三升水管用，喝水不仅可以加速你的新陈代谢，也能够让身体更好地排出多余的脂肪。但是如果你使用了错误的方法，即使按照各种各样的减肥食谱控制饮食，每天喝水却不足，也不会有太大效果的。

如果方法不对，最终就会导致不仅达不到刻意练习的成果，还会打击到自己，最终你还会对自己说："天哪，我真的不是这块料啊，我基因有问题，我没戏了！"

2

第二个核心条件：刻意练习一定要有一个好导师。几乎所有伟大的运动员身后都有一个伟大的教练。按理说，一个拿到世界冠军的运动员，已经是世界上在这个运动项目中最牛的人了，那为什么他们还依然需要教练指导呢？那是因为再优秀的运动员，也需要有一个教练从第三者的角度来指导他，一个好教练能够让一个运动员少走很多弯路。

人生中的其他方面也是如此，我就非常喜欢给自己在每个领域都找个老师，这个老师既可以是能够给你直接反馈的人，也可以是你对标的榜样，甚至可以是你身边的某一个朋友。孔子说：三人行，必有我师焉。有的时候你的朋友，你的伴侣，甚至是你的孩子，都可以成为你的老师，可以从他们身上学很多东西。大家有没有发现，给别人挑错是一件特别简单的事情，我们特别容易在别人身上找到哪里做得不到位。就拿我熟知的语言教学来举例，可能你自己的发音一般，但是你给别人的发音纠错却易如反掌。这也就是为什么当某个明星说英语的时候总会引来群嘲，因为大家都能听出来。

我们应该把嘲笑放到一边，思考自身存在的问题。因为有些时候，无论你多么客观，还是无法跳出个人的主观局限，如果没有第三方帮你指出问题，你就没有一个好的提升路径，就会特别容易陷入一种低水平的自满中。我在不久之前也尝试进行大班课直播，说实话我在上课之前觉得自己还是挺不错的，毕竟执教多年，也是很多人的榜样。在讲课的时候，我专门请了几位观察员来记录我上课中每一分一秒的细节，上完课后，当他们给我一一指出问题的时候，我心里还是非常难受。稍微冷静一下之后，我就告诉自己，请他们的目的就是给我挑毛病的，就像教练一样辅导我。然后根据问题再去调整、更新自己，然后我的课程又更上一层楼，有了质的飞跃。一般来说，一开始来听课的肯定有 10000 人，然后课程讲到一个半小时以后就只剩下 5000 人，因为大家听着听着就累了，然后看着看着手机就会去干别的事儿。但是现在我可以做到高峰期 10000 个人，最后下课的时候还有 9500 人在听课，但我希望自己以后可以做到 10000 人在听课，到了结束有 11000 个人那就更好了。

之前，我也不太相信《刻意练习》那本书里说的，有人可以记住上百位毫无规律的数字，但是读完书后我发现，只要有个教练对你进行针对性的指导和训练，每个人其实都有机会做出不可思议的事情。

3

第三个核心条件：刻意练习要及时反馈。如果我们无法拥有一个导师及时给我们提出问题的话，那么我们就应该给自己建立相应的反馈机制。很多职场的朋友们特别想锻炼自己的演讲技能，但是每次都只能在心中进行练习，不敢上台就很难获得提升；在很难请到演讲教练的情况下，他们的问题就不能得到及时反馈。所以我给他们提了个建议，每次跟三五好友出去吃饭的时候试着讲一个段子，或者讲一个自己的见闻，时间控制在 30 秒到 3 分钟，然后每次都记录下来，看大家有多长时间是在听，有多长时间是在看手机。有了这个反馈机制，就能非常有效地了解自己哪些地方讲得好，哪些地方讲得不好，然后慢慢进步。

我一个学生想要练习写作，我就建议他不用一开始就非要写本书，开个公众号就好。其实写公众号文章对于写作者来说是一个非常好的提升方式，因为你发表的每篇文章都能够得到读者的反馈，从反馈中你可以知道读者的喜好，以及自己写作存在的问题。

为什么我们一定要有反馈呢？因为我发现人真的很难把主体和客体分开。举个简单例子，大部分人在用耳机听音乐的时候，或者跟着音乐唱歌的时候，都觉得自己的声音跟歌手一样好，可一旦把原声关掉，你可能会发现自己唱得难听到让人痛不欲生，这就是 KTV 一般都有伴唱或者原唱的原因。

我们在可以练习的时候要分清主客体，不断地从自我反馈中得到提升，如果我们不敢直面惨淡的现状，就不知道该如何进步，就只能永远原地踏步。所以亲爱的朋友们，我再次强调一遍——刻意练习是痛苦的。如果不痛苦，只能说明你的练习并没有到位，仅此而已。

4

第四个核心条件：刻意练习必须要在让你感觉不舒服的情况下坚持下来，你才能够真正得到提升。我反复强调刻意练习必须是痛苦的，如果不痛苦只会在原地踏步，因为我们身体有一种机制叫作体内平衡，如果你想要锻炼身体中的某一块肌肉，一般需要超负荷运动来刺激肌肉以打破原来的平衡。而我们的身体为了补偿原来的平衡机制，就会促进更多的肌肉纤维变大变粗，如果你一直停留在原来的训练强度就难以得到提升。所以刻意练习就是每次都要挑战一下自己的上限，让自己不舒服。

可是如果刻意练习会让人感到不舒服的话，那又该怎么坚持呢？我和我身边的朋友一般会采用三种方法：

第一种方法是一定要记录自己成长的变化。如果你不记录就会觉得自己在原地踏步。其实刻意练习不需要 1 万小时，只需要 20 小时就会发现自己有很明显的进步。因为相比于无序训练，刻意练习会让你在某个细节或者某个节点上获得比较大的提升。我每次讲课的 PPT 都不删掉，当我讲到第 15 轮的时候再回看第一次的 PPT，就会觉得初稿有太多的不完美，但是我从来不轻易删掉。很多伟大的作家也是这样，都会保留着自己的初稿，他们一方面希望留个记录，另外一方面也是告诉自己其实还有很大的进步空间。

第二种方法是一定要有一个自己的精神支柱。每一个进行刻意练习的人背后都会有一个他特别感激的“重要他人”，这个人也许是家人、爱人、朋友……这个人会在你觉得自己无法坚持的时候给你鼓励，并且无条件地相信你、支持你，但他绝不会溺爱你。有些时候人的成功有很多偶然性，因为我们谁都无法事先知道一件事的结果，也不知道真正的成功是否由自己的努力决定……如果你也想要找到一个重要他人，但是现在还没能找到的话，请相信我，我们每个人都充满了天赋，我们唯一要做的是把它发掘出来，仅此而已。而这个发掘的过程永远都需要通过刻意练习来做到，虽然痛苦，但最终换来的价值是无比巨大的。

第三种方法是你要刻意练习的应该是一件能够对你产生巨大意义的事。这个意义一定要大于时间、金钱或者名望，这是因为我们每个人心中都需要意义感，而那些伟大的事业就是靠意义感支撑起来的。一个足球运动员踢球确实可以得到名和利，但更多的还是发自内心地喜欢足球这件事，因为他看到了这项运动的意义。现在有些画家、音乐家可以赚很多钱，但他们更多时候是为了创作出一件传世的艺术品，希望自己能够在人类的灵魂中占据一席之地。而我作为一个老师其实也特别累，每次都夜深了还在批改作业，还要回答学生们各种各样的问题。你说我一天这么累，为什么还要去打磨我的上课技巧？因为我发现把课上好可以帮助到更多的人，我的知识和思想会在他人身上有一些延续，这就是意义感，虽然有些人会说这个意义感就是目标，但是我觉得意义感是能让你心中有暖流的东西，是能让你从忙碌的生活中停下来深深呼吸的东西。

每个人其实都可以找到自己的意义感，可能你的意义感就是做出一顿丰盛可口的饭菜，可能是创作出流传于世的艺术品，也可能是希望自己家人过得更好……当你能够把刻意练习和意义感结合起来，那你一定可以坚持得更久一些。所以你知道吗？种一棵树最好的时间是10年前，其次是现在，只要我们能够行动，永远都不算晚。给自己希望，为自己把前路照亮。

从信息茧房中破茧而出，是你故事的开始 >>>>>>

这个世界从来没有像近几年这么分裂过。别害怕，我说的不是真正意义上的、物理上的分裂，而是人们认知上的分裂。

现在的互联网如此发达，信息的传播如此迅速且畅通无阻，但你会发现一个有意思的现象：一边是信息的汪洋大海，人们在里面不断地挣扎，努力让自己不被淹死。

另一边大家又都变成了信息的孤岛，人与人之间的共同话题好像变得越来越少，可大家都在各自的圈子里面活得很开心，这是为什么呢？

1

其实，这就是信息社会的特点，我们每个人获得信息的途径与方式都多种多样，每天都在获取海量的信息，但是我觉得这些信息就像一口深井。大家获得的信息数量很大，也很有深度，但是这个信息的范围或者广度却很有限。举个例子，由于大数据和算法的原因，当你去搜索学习的信息，或者兴趣爱好之后，搜索引擎就会不断地给你推荐与之相关的信息。这就是为什么你在短视频网站上看过几个宠物视频，系统就会一直给你推送小动物；你喜欢看八卦消息，就会发现自己被娱乐八卦淹没，没完没了全是这样的消息……

我们在某个领域获取大量的信息固然是件好事，但是当这些信息多到影响我们认知的时候，就会比较麻烦了。我们平时就像活在一个信息茧房里，在信息茧房里我们总是看到自己喜欢的信息内容，这样我们就会很容易陷入一个封闭而重复的世界，仿佛被一层厚厚的茧包裹着。

恺撒在 2000 年前就已经说过：每个人只能看到自己想要看到的世界。如果你获取的信息都是来自同一个渠道或者是某一个方面，那你只能活在自己的脑洞里。虽然很多人其实很愿意活在自己脑洞里，因为那样也很舒服，但是当你无法了解更多其他信息的时候，确实就会错失很多。往深层次去思考，可能会因此少看很多美好的风景和更大的世界；如果往现实一点儿看，就会少了许多改变命运的可能，比如晋升。

你赚到的钱，其实都是你的认知的变现，所以当我们想要获取知识和信息的时候，就应该拼尽全力拓宽获取信息的领域，而不是只停留在某一个点面上。换言之，就像我们每天吃饭一样，不应该一个月 30 天全都吃麻辣烫或者大盘鸡，而是应该换换口味，尝尝日料，尝尝包子，荤素搭配才能营养均衡。

2

现在很多人都需要在互联网上学习更多的知识和技能，当我们在网上学习某些知识和技能的时候，就需要睁大眼睛，好好甄别筛选出一位好老师来。在互联网如此发达的时代，几乎所有人都可以当老师，作为老师的我发现网上真的有一些很靠谱的老师，但也确实存在一些特别不靠谱的老师。

大家在网上学习时，有时会把讲得有趣和真正有用混淆。我就见过一个大家都觉得还不错的老师，他把一些错误的知识用所谓“有趣的方法”教授给学生。我不知道他是真觉得有趣，还是故意为之，或者他其实根本就不知道自己讲错了。例如他讲所谓的“字母形象记忆法”，说 2 个 e 在一起，看起来特别像眼睛，所以 2 个 e 在一起的单词都跟眼睛有关，比如说 see……我听到这里的时候很无语，于是在网上向他提问道：“老师，那 week 怎么理解呢？”然后这个老师反应还挺快，说：“你看眼睛一睁一闭一周就过去了……”后来他没有再理我。所以，我们在获取信息的时候要学会听百家之言，想要去学习知识，就得先甄别出一个靠谱的老师，选靠谱老师的方法也很简单。

第一种方法，就要看老师的真实学术水平，而不只是看他教过多少学生。如果一个老师的教学方法管用，那么他的真实水平应该就不会很差。需要注意的是，大家要小心那些标榜“独门方法创始人”之类的老师，如果他的方法只对他一个人有用，而在你这里没用的话，那你从他那获得知识会比较麻烦。其实很多平台都会提供一些大学教授的课程，这些大学教授知识功底深厚，同时也能把课讲好。比如北大的薛兆丰老师，他的经济学课就讲得非常有深度，同时也特别有趣。

第二种方法，我们要看这位老师在同行中的口碑。同行口碑很重要，你看每年的诺贝尔奖评选并没有搞成公众投票，而是同行评议。那可能有人会说，郭德纲相声说得很好，可在同行里的口碑好像一般啊。其实不然，郭德纲老师在一些资深相声大师那里的评价还是相当高的。所以一个老师的真实水平到底怎么样，他在同行里的口碑和评价也是很重要的一个参考指标。

第三种方法，是看学生们对老师的评价。当你从老师这里获得第一手的知识的时候，这个老师特别容易获得比较好的评价，但是学生的评价一定要看长期的。也许这个老师在短期内讲得比较生动，但不代表一直能够保持这样，只有从长期才能看出学生是不是从这个老师这里学到真“功夫”。

3

也许你会问我：老师，我去读论文或者直接看书行不行呢？我觉得完全可以。读论文是所有做学术的人必须要做的事情，因为你需要掌握这个领域最前沿的资讯，而读书，我也希望你可以做到高效阅读，从源头开始获取知识。

在这个知识爆炸的年代，我们应该知道哪些是真正应该关注的，哪些是应该放弃的。所以你应该有一个很确定的学习目标。有时候我们不知道该去看什么信息，不是因为信息太多，而是因为你没有给自己确立一个短期或者中长期的目标和方向。你什么都想看，走马观花一样地浏览，你当然会觉得世界一直都很乱且充满噪声。而那些能够安静下来的人，是因为他们心中有一个指南针。很多人说，现在信息太多太复杂了，过去真好啊。过去好在哪里呢？孔子在2000多年前都觉得信息爆炸了，觉得学无止境，那时候都还没有印刷术呢。所以当你要对信息去进行取舍的时候，别人无法帮你做出判断，而你做出选择的关键是扪心自问——

我人生真正追求的到底是什么?

拿我自己来讲，我想做教育，所以我会始终关心、关注教育领域中比较前沿的信息，我会关注英语教育领域比较好的老师，我会不断将生活当中的细节和我个人的所思所想相结合。当我在某几个领域关注得足够久，就发现，其实并没有信息爆炸，反而是信息残缺，因为大家翻来覆去讲的就那么几个知识点，有时只是换个说法而已。

如果你没有一个明确的学习目标，或者你不知道自己喜欢什么的时候，你就会觉得自己看到的信息都是纷繁复杂的，所以我们一定要清楚地知道自己到底在追求什么，只有这样才能在信息的丛林中找到属于自己的那条路。

4

如果你现在处于迷茫的状态，总想学习，东瞧瞧西看看后又觉得自己已经沉溺在信息的大海中，差不多快要被淹死了……那我建议你做一件非常简单的事情，就是每天关机三个小时。在这三个小时里，你不要看手机，拿出一本你可能感兴趣的领域中经典的著作，潜下心来，用心去读。

如果你真的对娱乐感兴趣，请你看一下《娱乐至死》这本书；如果你真对哲学或者历史感兴趣，那你可以去读一下《西方哲学史》，看看自己是否真的能读进去。大一的时候，北大希望学生一年能够读100本书，我觉得其实读200~300本也可以，因为我们不一定每个字都要读下来，当你拿到一本书，你可能一页都没有翻，这也是个好消息，那证明你对这本书并不感兴趣。我以前也说过，如何看你对一件事或者一本书是不是真的感兴趣，就是看你愿不愿意早上5:00起来去做这事，去读这本书。

注意，只能是早起，而不是熬夜。因为熬夜太简单了，晚上不睡觉对年轻人来说实在太容易了，熬夜干的事儿也不一定就是一个人真正感兴趣的事儿，因为有可能他只是不想睡觉，不想面对第二天的生活而已。但是一个人可以牺牲睡眠早起干的事儿，十有八九是他真正感兴趣的。当你找到自己真正感兴趣的事儿以后，你就会发现其实信息没有那么难筛选。

在巴西的时候，我遇到过一位有22个孩子的导游，而且这22个孩子还是跟同一个老婆生的，我觉得很奇妙。在非洲的时候，我见到一位把动物皮穿到自己身上的非洲酋长。在南极的时候，我认识了一位在接近冰点的海水里和鲸鱼一起游泳的博士……这些经历和故事其实都是我人生中的一部分。我希望有一天，亲爱的你可以放下手机，拿起书本；我希望有一天，你也可以活出你自己的精彩，成为别人眼中的故事，成为写在书本上的知识。到那时，我相信你会对这些所谓的信息有截然不同的理解。

提问是个技术活儿 >>>>>>

我从小到大都特别羡慕那些能说会道的人，总觉得那些说话厉害的人会有非常多的朋友，也特别容易交到朋友。他们会在聚会时侃侃而谈，成为人们关注的中心；他们总是活在聚光灯下，我觉得他们永远都不会孤独……

但我后来发现，那些能说会道的人，在与别人聊天时，不会总是一直在说，他们会在适当的时候，征求对方的看法，引导对方发言，只有这样有来有往，对话才能持续下去，也能维持双方的谈话兴致。如果总是一人说一人听，对话总有进行不下去的时候。

由此想到我们这些不擅长说话的人，不正是因为不会维持这种你来我往，才会使对话进行不下去吗？如果只是闲聊，聊不下去就不聊也罢，但有时候，我们在与同事、领导对话时，是带着目的的，我们是希望从对方的话中得到自己想要的信息，可如果对话进行不下去，我们自然就没有收获。那么怎样能解决这个问题呢？

我在认真思考了那些“能说会道”的人与别人的聊天后，发现了一个小窍门：提问——在合适的时候提出合适的问题，更有利于将对话持续下去，甚至可以引导对话向更深层次发展。那么，你是一个会提问的人吗？

1

现在很多讲座、见面会等活动，在结束前都有互动环节，一般就是由下面的观众提问，嘉宾来回答。有些观众提出的问题，可以让嘉宾说上好半天，可有些观众的问题，嘉宾说一两句话就回答完了。对于前者，大家会夸奖说这个问题提得好，因为它可以让嘉宾“多说点”，难得见一次面,谁不希望听自己的偶像多说几句话呢！而对后者,大家会叹息“浪费了一个提问名额”。这就是会提问和不会提问的差别。

生活中，需要我们提问的场合很多，比如上学时向老师和同学提问，工作后向领导和同事提问。每个人都会提问，但并不是每个人都能提出好问题。好的，或者说正确的提问，能够让被提问者有更多回答的空间，让他能更好地、更自如地表达出自己的观点。一个好的提问者，就相当于一面镜子，可以通过提问将对方的想法映照出来，尽管提问者本身并不为对方提供新的信息。而对提问者而言，对方回答得越详细，给出的信息也就越多，自然也能从中学到更多东西。而那些提不出好问题的人，自然也就无法获得这样的收益，甚至有时候都没想到要提问。回想上学的时候，老师总会问学生："还有人不会吗，还有人有问题吗？"这时大家往往会齐声回答道："没问题了。"可他们真的都会了吗？我相信其中有不少人在做作业的时候会发现不会写……

除了从回答中获得知识，好的提问者也更容易在人际交往中将关系维持得更为长久和牢固。相信很多人有过这样的经历：某天，你和一个你很崇拜的牛人，几经托人介绍终于认识并见面了。你激动不已，长篇大论地向他表达了你的崇拜之情和此刻激动的心情，并和他互加了微信，然后……就没有然后了。虽然加了微信，可能最初你会激动地与对方聊天，对方礼貌性地回复一下，随着时间的推移，你们的那点微弱的联系很快便会消散不见。也许某一天你再给对方发消息时，发现对方已经将你从通讯录中删掉了。为什么会这样？因为你没有给对方创造价值。

大多数时候，人与人之间的交往，其本质目的都是资源的互换，所谓的"圈子"正是在此前提下形成的。如果在一段关系中，你自身条件有限，无法为对方创造资源，自然也就难以获得对方的重视。此时学会通过提问来体现自身的价值是个不错的方法。即使你不如对方，但如果你的问题足够好，能够给对方带来启发或思考的空间，也就为对方创造了价值，那对方自然就会对你重视起来。

什么样的问题，是好的问题呢？

2

这世界上无数好的答案都等待着有好的问题来发掘，但是这世界上也有无数愚蠢的问题能把被提问人气个半死。有些时候问题越宽泛，就越没有回答的必要。我经常收到同学们的问题：老师，我应该如何学好英语？当你问得这么宽泛的时候，我的答案也只能宽泛地说：好好学英语……你的问题让我无法具体回答。但如果你问我：四级考试当中的听力部分有些问题我老是跟不上，有什么好办法吗？那我的答案就也会很具体。

如果你想通过提问来让自己获得的回答更有价值，那就应该给不同的人提不同的问题，就好比我们在试卷上见识过了各种各样的题目，选择题、填空题、简答题和判断题等等。首先，对于自己的领导、长辈，我们要出选择题而少用简答题。原因很简单，简答题就像刚才举的例子，如果你的问题太宽泛就会让对方无从答起，也只能给你一个很宽泛，没有任何太大意义的答案。你的问题越具体，对方的答案就越有意义。在《论语》中，孔子与弟子的问题也都是具体化的，比如以德报怨还是以直报怨？

问这种问题，答案才更有意义。

当你问领导、老师或者长辈的时候，如果只是单纯问一个简答题，显然就是没有经过太多深入思考；如果你问一个选择题，对方给的答案可能就会非常直观而具体。比如你刚好接手了一个毫无头绪的任务，如果这个时候你去问领导：领导，我这个完全不会做，您能教我怎么做吗？您看我该怎么办哪？这个时候你可能点燃了领导心里的怒火，非但不会解答你的问题，很可能就直接把你打发走了。

如果你在提问之前先给领导三个选项，并设定好题目，比如这样说："领导，我之前确实没有经验，但我通过研究之后发现有这三个方案，A 方案这么做……B 方案这么做……C 方案这么做……您看哪个方案比较好？"这时候领导就会对你刮目相看，就算你 ABC 三个选项都显得幼稚，甚至都是错的，他也会给你更好的建议。

所以对上级或者领导可以用选择题的形式去提问，这证明你思考过。

3

我们在和自己的同辈聊天的时候，则要学会使用简答题。无论你是在职场，还是在生活中，都要尽可能给对方留更多的空间，让他去表达真正想说的东西，所以你要问他自己的观点或者概念。

你的简答题可以分为三个层次。比如，雅思的口语考试就是非常经典的分层提问，先问一个很宽泛的问题，然后根据这个问题中的某个细节展开第二层提问，再从第二层的细节点展开第三层提问，让人始终有说话的欲望。

如果你想在平时聚会中交朋友，却不喜欢或者不想侃侃而谈，这时候就可以问对方："你对最近某件事情怎么看？"或者"你闲暇之余做什么？"他如果说"闲的时候会去读书"，那你就问："你喜欢哪个作家的书呀？"如果他回答的作家你刚好知道就可以继续展开去交流，就算不知道也可以继续提问："这本书我好像听说过，但我不是很了解，你能跟我说说他作品的一些细节吗？"

诸如此类。相信我，任何一个人都希望被尊重，当你不断地用简答题的方式让他更加深入地探讨自己兴趣爱好的时候，你就创造出了对对方有用的价值，自然就能够获得对方的信任。但是这个时候，你的问题千万不要暗含是非判断题，因为一旦做了是非判断就会以你的价值观为主，这时候你的表现就很难隐藏。

如果你的喜怒都挂在脸上让对方看到并且识别出来，这个时候的对话可能就会无比尴尬。但是喜怒不形于色需要很长时间的磨炼，不要把一切情绪或者喜好厌恶都挂在脸上，是一项终身需要打磨的技能，让我们一起努力!

4

我们对自己的晚辈，或者需要引导的朋友，可以多使用填空题。使用填空题，其实就相当于把答案喂给对方，不让他们去做选择题，如果你给出 ABC 三个选项让他去选，一方面对方并不觉得你是真的在为他思考，还会觉得你把回答问题的空间限制死了，而另外一方面，其实也剥夺了他思考的权利。如果说你把上下文都准备好，让他自己先填出那个空，即便填的是错的，你也会很快就得到反馈，那你的提问就会很有效。 你听了他的回答之后，再给出这个填空的正确答案，就会让他感觉你这个人非常有远见。

我发现很多家长在听孩子讲话的时候总是上来就做判断题，这样孩子就失去了自己的主导空间。如果你像发号施令一样告诉孩子，“你不能做这个，不能做这个！”孩子会感到很压抑。但是如果做填空题的话，就给了他有限制的自由，他就不会抗拒你，甚至会觉得这个决定就是他自己做的，而实际上是你先对他进行了引导，这样一来岂不是件好事儿。

我妹妹毕业的时候，特别想从事旅游业，我就跟她说：做旅游业没有问题，但是你可以分析一下，从事这个行业一开始会让你全国各地去跑，如果跑太多你可能就会……她马上接口说：疲惫！我继续说：如果特别疲惫可能就没有办法让自己获得更多的成长，在这种情况下，其实我们可以先静下心来，把英语学好，先当好一个英语老师，等有稳定的收入和一定的积累之后，不仅可以在国内做旅游，你还可以去……她回答：国外！世界各地！这样看的话，其实是她自己获得了这个答案。

5

人的一生，其实就是不断出题和不断答题的过程。还有一类题目是我最喜欢做的，也是最危险的，那就是判断题。

我一直跟自己说，长大的过程就是一个能够兼听则明的过程。兼容意味着不去轻易做判断，但是另一方面，你应该多让这个世界去做判断题。意思是你应该多进行有益的表达，把自己的想法说出来，然后通过提问和回答，看看大家会怎么判断，不管是支持的还是反对的，总比把所有答案藏在心里好。

这个世界有时候太大，生活过于纷繁复杂，我们每个人都有不同的经历，去过不同的地方，见过不同的人。可是，我们也有看不到的事件，看不到的别人的人生，这些都会阻碍我们的认知能力，限制我们去发现这个世界。当我们学会更好地与他人交流，学会更好地理解他人，就会发现，这个世界其实美好到不可思议。

记录，让你一步一步接近目标 >>>>>>

如果你在亚马逊雨林中走丢了；如果你在撒哈拉沙漠中找不到方向；如果你被单独扔到南极大陆或离你家不远的荒郊野岭上……

当你手机没信号，又只能靠自己走出去的时候，你该如何迈出第一步呢？

我对这件事很好奇，所以到每个地方我都会问当地的向导，而这些野外求生经验丰富的向导都会告诉我：想要在野外找到路，一定要先记录下自己此时此刻的位置。如果你不确定目前在哪里，也不知道自己的方位，那么最好一步都不要动。因为当你没有方向的时候，不管你朝着哪个方向移动，早晚都会迷路。

人生又何尝不是如此呢？

1

选择记录才不会迷路；坚持记录才不会迷茫。所有还在坚持学习的人，不管你是 20 岁还是 60 岁，大家往往觉得自己忙了一年，却不知道都忙了些什么，总会有一种迷茫感。而那些没有迷失目标，总是能看见海浪的人，他们都有一个共同点，就是他们始终在记录。他们记录的方式不一定是写日记，可以是自己的成长报告，是完成任务的里程碑。

其实每个人，起码应该给自己做一个“时间简史”，去记录自己走过的路。我在之前的书里面讲过“34 枚金币时间管理法则”，很多人会把这个当成规划的方法，但是它更重要的作用其实是做记录。当年底的时候，我们回顾一下自己一年都做了什么，就不会有那种毫无意义的迷失感，更不会有那种找不到方向的迷茫感。即便你做得很差，记录下来也会让你将来有所反思。

《胡适日记》曾经在网上特别火，大家讨论的都是关于他打牌之类的内容：

7 月 4 日

新开这本日记，也为了督促自己下个学期多下些苦功。先要读完手边的莎士比亚的《亨利八世》……

7 月 13 日

打牌。

7 月 14 日

打牌。

7 月 15 日

打牌。

7 月 16 日

胡适之啊胡适之！你怎么能如此堕落！

先前订下的学习计划你都忘了吗？

子曰：“吾日三省吾身。”……不能再这样下去了！

7 月 17 日

打牌。

7 月 18 日

打牌。

……

这段记录被很多人拿来调侃，因为它真实地反映了我们的生活常态。但是，胡适先生起码将其记下来了，也许在写完这篇日记的若干年后，当他看到这些日记的时候会发现：哦，原来当时我是这样，现在我已经进步了这么多。记录就可以看见进步，但如果你压根儿一点都不记录的话，有可能现在还是那种状态。所以，就算是记录的内容再差，就算起不了任何的作用，但它起码会告诉你，你是怎么从过去走到现在的，而未来你又会到哪里去。

有记录才有历史，人类如果没有了记录，也就没有了未来。大家应该都知道历史的重要性，对时间的记录其实就是历史，而真正能够判断未来的人都是那些尊重历史的人。个人的记录就是一个人的成长史，即便你记录的方式再粗糙、再简陋，只要你用心去记录，你就会拥有方向感和确定性。

2

其实，只有坚持记录才能够进步。减肥的时候，健身教练让你做的第一件事就是买个秤，记录自己每天的体重变化；在学校的时候，老师要求我们每个人准备个错题本来记录自己的错题；工作的时候我们都有工作日志……

其实这些记录都是在帮助我们不断地进步，因为我们人类是非常有趣的生物，但凡我们开始反思了，那就是我们进步的开始。苏格拉底说过，“未经反思自省的人生不值得活”。中国人也有“日三省乎己”的说法，目的就是为了能够不断地进步。

当然，也有些人会因为出了一些小问题就不断地自我否定。但是我相信，亲爱的你读到这里的时候，已经看过我们之前讲的乐观精神，其实所有的反省都是为了能够变得更好。我们不能放过每个错误，错误的出现也是为了更好地成长。我们可以允许自己犯错，但是尽量不要犯同样的错误。如果第一次犯错是因为愚蠢，那么第二次到第十次犯错就是因为懒惰，总有些人掉进同一个坑里面无数次，这非常有可能是他们不做记录。不做记录的人忘性都特别大，比如你上周二中午吃的什么饭，估计你已经记不住了；再比如你上个月三号的晚上和谁见的面，估计你已经彻底忘记了。当然，你可以用“34 枚金币法则”进行非常详细的记录，但是如果你做不到，那起码你可以把犯的错误记录下来，以避免再犯同样的错误，进步其实就是这么简单。

历史上成大事者，都是善于记录且严于律己的人。比如曾国藩有“日课十二条”，富兰克林有他的自我改进系统，而我们每一个人都应该有一个“人生错题本”，用来记录自己的错误，避免掉进同一个坑里第二次。

3

当然，光去记录错误的话，人生一世也难免太难受了，而记录生活才足够精彩。你发现了吗？我们身边有很多东西都是在帮我们记录精彩，不管是朋友圈的记录，还是微博的记录，再或者是抖音的记录，都是用来随时随地分享我们生命中精彩的事情。

记录的第一条规则就是一定要记，记什么都好；第二条规则告诉我们要记错误的事；第三条规则就是要记录精彩的事。因为这些人生中的精彩回忆，有点像速效救心丸，在你特别难过、沮丧，想要放弃的时候，回看到那些美好的事物，就会让你做出一个正确的决定。我经常鼓励我的学生，一定要把自己开心的时刻记下来，因为那一瞬间的美好，除了能带给你当时的快乐之外，在后来的日子里给你带来的回忆其实更加精彩。

其实我爱人不太理解，为什么一定非要带她去环球旅行，去非洲之前她就有点儿害怕，去南极之前她又有点儿担心，但是等到全部旅行结束之后,她说这是我送给她最好的礼物,这比其他任何的物质礼物都要好。因为物质的东西确实可以让你吃饱穿暖，但是那些记录下的美好瞬间，当你在深夜的时候，拿出来再看一看，就会让孤独的心得到安慰，让你坚强地走下去。我记得我每次外出很久的时候，我都给她剪一个小视频，把她日常生活当中的照片和所有美好东西放到一块儿，她就会非常感动，你也可以用同样的方式，把美好的记录送给你未来的爱人或者孩子。

现在越来越多的人认识到记录美好瞬间的重要性，如果你可以在做视频的同时，把自己的感受写下来，试着去描绘一下当时最触动你内心的那一部分，那说不定将来会在你最黑暗的时刻给你带来最大的帮助。在加长版《指环王》之《护戒使者》中，凯兰崔尔女王给了佛罗多埃雅仁迪尔之光，并告诉佛罗多这是她们最珍爱、最宝贵的星光。这束光本身的能力也许不是那么强大，却可以“在一切光明失效的时候，成为你的照明和指引”。因为看到那束光就可以回忆起当时最美好的东西，这也是记录带来的力量。

将来某一天，我们身处人生当中最黑暗的时刻，如果我们平时有意识地去记录生活当中点点滴滴值得让我们开心或者感恩的事情，那在我们最难受、最痛苦、最想要放弃的时候就会看到那束光，它就能把我们指引到正确的方向。

4

前面我们说了，坚持记录才不会迷路；坚持记录才会有进步；坚持记录才足够精彩。最后我想说：坚持记录才能坚持，这是一个循环过程。有些时候你可能会发现自己无法坚持做一件事的原因，往往就是因为没有记录，当我们开始记录的时候，通常会坚持，而坚持以后又会去记录，这是一个正向的循环。你会发现一旦你停止了记录，就没办法再坚持了，而你坚持不下去的原因往往是没有记录。曾经有段时间我习惯了用自己的时间管理方法，觉得自己的时间管理已经很棒了，不需要再去记录时间和事情了。我差不多有一个半月没有用“34 枚金币法则”记录时间，甚至没有记录任何事情,我以为我已经彻底养成了好的习惯,一开始还好,但是后面的时间就相当混乱了。

那段时间，我早上讲完课就开始睡觉，一睡就一整天；每天胡吃海喝，大半夜出去吃海底捞——我当时觉得没有事儿，反正也就一次，但是后来我就发现发际线开始一点点向后退，体重开始增长……我看着镜子里的自己：“天哪，我现在怎么这么糟糕！”这下我就更不敢记录了，因为自己太糟糕不敢去记录，不敢去改变，这样就变成了恶性循环。反思之后，我想反正已经这么糟了，那么就把浪费的一天自己都做了什么记录下来呗。然后神奇的事情发生了，当我打开表格开始记录的那一刻，就开始一个全新的反省过程,于是从第二天开始,我又找回了原来的习惯。

坚持记录才能够让自己学会坚持，有些时候事情本身就在于记录。

有史以来，在地球上存在过的人类数量将近 200 亿了，可最后真正能被我们记住的其实寥寥无几，而这些人都是通过自己的方式留下了记录的人。有的人可能是在某个领域做出了重大的贡献，有的人可能是在某个方面留下了浓墨重彩的一笔，我相信这个世界上有很多非常伟大的艺术家，但是我们记住的永远是那些记录下自己作品的人，因为他们那些精妙绝伦的作品本身就是一个记录，仅此而已。想象一下那些伟大的作家，他们是把自己的才华记录了下来，用文字为自己留下了印记。如果当年孔子没有他弟子将他的话记录下来编成《论语》的话，那我们现在可能就不知道曾经存在孔子这个人了。我们也许不会为历史留下什么，但我希望我们每天可以抽出五分钟，去记一下今天自己说得最好的一句话，或者今天让你感恩的一件事情，让这些事情将来会成为你美好的回忆就足够了。

如果你也想跟我一样非常严格地做记录，那么欢迎你使用“34 枚金币时间管理法则”，具体方法可以参照本人上一本书。写到这里，我想起当时我们从南极回阿根廷，在船上曾经有两天的时间是漂泊在全世界海浪最大的德雷克海峡，那时海浪已经高达 9 米，我觉得可能这辈子就这样结束了吧。但是我们的船长非常淡定，他拿出之前的航海日志说：“你看这已经是我第 97 次经历 9 米的巨浪了，我还有 57 次 12 米的……”

我想你一定会问：“然后呢？”然后我就放心了，回去边吐边睡觉，继续我的旅程。

其实，不管是什么形式的记录，我相信那都会让你能够更好地到达未来的彼岸……

06

<<<< 第六章 >>>>

永 远 不 要 忘 记 去 爱

一个人永远都有机会选择，永远都可以用脚投票，永远都应该记得——学会爱自己，才是一切的开始。

聪明地爱自己 >>>>>>>

现在我们经常被许多网络热词刷屏，那些曾经一度或者几度占据热搜榜单的词汇，都能带给我们许多感触和思考。在这些词语中，最能引起大家共鸣的，也许是“打工人”三个字。不知道从什么时候开始，年轻人已经不再使用类似追梦人、拼搏人这样励志的称号，开始以“打工人”自居。与此同时，我们隔三岔五就可以听到或看到新闻里出现打工人猝死的消息，不禁让人觉得有些许悲哀。

比如有新闻报道：一位程序员倒在健身房门口，医护人员赶来的时候已经没有生命指征；冬至夜里，一个外卖骑手在一个十字路口陡然倒地，这是他今天送的第 34 单，摩托车后座上，还放着几份没送出去的外卖……在我的家乡乌鲁木齐，就在跨年的前两天，一个生于 1998 年的妹子的生命永远地停在了这一天。妹子猝死的背后是她所在的某互联网电商企业的高强度工作制度，是所谓“硬核”的奋斗模式，一周甚至要工作七天，每天工作时间不能低于 10 个小时，每月硬性工作时间不低于 300 小时……

在这些年轻生命因为高强度工作猝然而去的背后，在我们斥责某些大企业无情压榨员工的同时，我也不得不对这些年轻生命的消逝，对他们没有去好好爱自己而感到惋惜。肯定有读者会觉得我这么说实在是很过分、很冷血，认为他们并不是不爱自己，而是每个人都有自己的不得已和不容易，是被社会竞争逼迫，他们是因为无奈才选择了这种高强度的工作，进而产生了这样的悲剧。

但我想说的是，一个人永远都有机会选择，永远都可以用脚投票，永远都应该记得——学会爱自己，才是一切的开始。

1

只有爱自己，这个世界才会更加爱你。在我们的身边，有很多人总是以拼搏，以赚钱为理由，不断地去消耗自己的身体，但是就连最淳朴的农民都知道一个浅显道理——这世界上最悲哀的事儿就是钱还在，人却没了。而我们却总是在前半生透支自己的身体去赚钱，然后在后半生用赚到的钱去治疗自己的身体，这完全就是一种本末倒置。

我在前面的文章里提到过，那些最会享受生活的人，不管是生活在亚马逊的雨林里，还是生活在非洲的草原上，他们的物质条件可能没有那么好，他们的精神生活却是无比富足，幸福指数都超级高。他们的共同点是都无比爱惜自己，他们知道人活一辈子，什么都带不走，最关键的是要去体验。

体验什么呢？当然是体验人生、体验过程，在体验中获得幸福，这些幸福的体验才是我们人生在世应该去追求的。你也许会觉得这些大道理是心灵鸡汤，但是现代的科学研究表明，那些真正爱自己、珍惜自己身体的人，往往比透支自己、过分消耗自己的人能够收获更多。你爱自己越多，世界给你的就越多，当然，关键在于如何去爱自己。真正爱自己的人知道最重要的资源是自己，一个人要去花时间打磨自己，让自己变得更加优秀，而不只是被动地生活。就像很多人都知道的那样，社会中的绝大部分人宁可吃生活的苦，也不吃学习的苦，其实这就是一个不爱自己的表现，真正的爱自己是要不断努力去学习，去向上走，走向更开阔的天地。

爱自己的人不仅会更珍惜自己的时间，还会让自己的时间变得更值钱；爱自己的人会珍惜自己的身体，会知道短期的消耗并不能带来长期的改变；爱自己的人会聪明地工作，而不是一味地用苦劳交换功劳……这才是爱自己的正确方式，也是爱自己的开端。

在感情中也是如此，要先学会自爱才会得到爱。爱自己的人虽然同样会给对方付出，但是同时会保证自己有足够的吸引力，让对方觉得和自己在一起充满了幸福感，而不是一味地讨好对方。只会讨好对方，不会得到对方丝毫的尊重，一个人只有先爱自己，才能去真正地爱另外一个人，无论是伴侣，还是自己的小孩。

2

自爱固然重要，但是有人会走向另外两个极端。一个极端是过分的自私。自爱和自私之间的差别是什么呢？我觉得自私就是损人不利己，而自爱则是利己的同时也利他。另一个极端就是无私，我觉得真正无私的人和事物其实也很少存在，如果我们总以无私来要求自己，那这种不以真正爱自己为前提的无私，其实是无法长久的。

自爱是爱自己的每一点，不仅是优点，还包括缺点，我们每一个人都要接受自己的缺点，这样才能发挥自己的优势，扬长避短，从而让自己变得更有竞争力。而自私的人则无法看见或者否认自己的缺点，只愿意让身边人关注自己的优点，一旦听到任何自己不喜欢的话，或者做了任何不喜欢的事情，自私的人都无法接受。自私者只是为了自己好，甚至宁可牺牲他人的利益，或者压根儿不在乎他人的死活。

在对孩子的教育方面其实也是同样的道理，我们都不希望让孩子养成自私的习惯,所以现在的家长会教育孩子说,有好东西不仅要自己享受，也要跟身边的朋友一起分享。这其实就是一种更大的自爱，因为当一个人足够强大、足够爱自己了，他才能够开始真正的分享，否则就算是他把东西给别人了，恐怕也只是单纯地“给”而已。一个人让自己变得更美好是没有任何错误的，但是在变美好的同时，也应该让他人变得更好，让自己变得强大的同时，也让身边的人享受到自己强大带来的成果，这才是真正的自爱。

3

对于如何聪明地爱自己这个问题，我觉得还需要注意的一点就是要避免掉进消费主义的陷阱。现在很多的商家和广告都会用“爱自己”作为宣传点，宣称爱自己就要拥有这些或者那些，一不留神就会让人陷入及时享乐的陷阱当中。我们随时都能看到各种产品广告在说女人要多爱自己，男人要对自己好一点，好像只要去买这些产品就是爱自己了。虽然说这些物质消费可以让你在短时间内获得一些所谓的“小确幸”，但是这些“小确幸”长期积累下来可能就是未来的大痛苦。

不管是提前消费欠下的外债，还是过分强调“爱自己”带来的放纵，其实大家也听说过那句话，爱是克制，喜欢才是放纵。爱自己也是一种克制，我们要克制住自己某方面的低级欲望，只有这样才能换取长期的、更长久的幸福。聪明地爱自己，也意味着人生并不是一道二选一的题目。

很多人总会觉得去爱自己，去享受生活，就一定会失去工作，反过来也会有人觉得年轻人就应该拼搏至死，在青春岁月里没有拼搏、流汗就是对青春的亵渎，这种非黑即白的观点和想法其实是一种非常傻的坚持，或者说不过是对爱自己非常初级的定义。就像有些人说爱自己就应该把工作辞了，今天离开工作，明天就开始享受生活，或者去自己想去的地方，但是只要我们肯去动脑好好思考一下，其实我们既有可能做好自己的工作，也有可能过上自己想要的生活，既能够爱自己，然后在爱自己的同时也能获得相应的回报。

现代社会最大的好处就在于，只要他愿意，任何人都可以用对自己来说比较舒服的方式去生活。就像美国那位畅销书博主说的那样，一年只要有 1000 个人愿意给你支付 100 块钱，那么这一年你就会有 10 万的收入，你完全可以在把自己最热爱的事情做到极致的同时，再去寻找和你志同道合的人做出足够好的内容，让他们为你付费。

在网上有一个叫“手工耿”的哥们儿，他在乡村做一些自己喜欢的，但别人看起来毫无用处的东西，居然也能聚集起足够多的粉丝，现在他每年都可以收入千万。我觉得手工耿就是只在一个很小的范围内做好自己喜欢的事物，却可以实现规模收益的典范。他这样做也是爱自己的一种非常自然的体现，他就是在发自内心地热爱自己的生活。

所以，我觉得爱自己不是一个简答题，而是一道选择题。一旦你选择爱自己，就会是一切成功的开端；一旦你选择相信“只有自爱才能够获得别人的爱”，那你就离真正美好幸福的生活不远了。而一旦你选择“爱自己等于自私”，选择相信“爱自己等于放纵自己”，选择相信“爱自己就是一种享乐主义”，那么你很有可能找不到自己未来前进的方向，而最终也失去了爱自己、爱生活的可能性。我们每个人都要爱自己，但比爱自己更重要的是学会聪明地爱自己，爱是一切的前提。

钝感力是人生的润滑剂，让你开花结果 >>>>>>

当代人最大的困惑之一就是：怎样才能活得不那么累？

细想起来这可能真的是一种刚需，因为很多人都想活得没心没肺，但是随着社交网络的普及，似乎每一个人都会面临来自他人的评价。曾经有人问我：老师，我怎么样才能不那么在乎别人对我的评价呢？

如果说以前他人的评价多数来自熟人，那么在今天，完全陌生的人也会对一个人进行点评。你打车，出租车司机可以点评你；你点外卖，外卖小哥也能发评价给你；你发微博，会有人留言评价你……于是我们会发现，在生活中无时无刻不会产生口碑，所以在意的人会时时处处小心，因为稍不注意就会收到“差评”。

也有同学更加直接地问我：老师，怎么样才能活得像你一样没心没肺呢？你们这些公众人物是如何承受住别人的负面评价呢？告诉大家一个秘密，其实所有人都很在乎别人的负面评价，有些人之所以表现得云淡风轻，是因为这些人的钝感力比较强而已。

1

所谓的钝感力其实就是一种知道别人不喜欢我，但我不那么在乎的能力。如果说敏感是能够察言观色，知道对方在想什么；那么钝感就是主动或被动地选择去关闭自己接收评价的渠道。

我们平时收到的负面信息确实不少，而刻意关注负面信息是人类的本能，人类的祖先通过接收负面信息得以在各种危险中活了下来，这里面就包括各种各样的潜在威胁。只有关注负面信息才能够让一个人平安、顺利地活下来，这些负面信息到了现代社会就变成了那些直接而恶意的评价。

我有个朋友就说，有的时候看自己的微博评论，即使有 1000 条评论都是在夸他的，但是哪怕有两三条不好的评价，其带来的负面情绪也会远远大于那 1000 条好评带来的喜悦。其实每个人都一样，当你发一条朋友圈，十个人都夸你瘦了，就算只有一个人说你胖了，你也会想跟那个人争辩一下，说：我不是胖，只是水肿而已……

我曾经问过身边的朋友们都是怎么面对负面评价的，他们说：看着看着就习惯了。我想了想，确实如此。郭德纲老师说过的一段话，让我至今难忘，他说：一个人吃亏要趁早，需要经历很多事情，比如被骂，经历得多了之后，别人再怎么骂你，你都会无所谓了。但是反过来，如果一个人从小到大都一帆风顺没经历过挫折，那不是好事，可能走在街上被人骂一句，当时就一命呜呼了，所以，吃亏要趁早。

如果能在生命的早期阶段经历一些挫折，能够听见一些不太理想甚至是一些负面的评价，确实有好处。我现在就特别感谢我小学的班主任，记得我从一年级到四年级每一年都是三好学生，结果到五年级的时候，老师故意没有给我评三好学生。当时，我跪在雪地里哭得稀里哗啦的，感觉自己就像悲情电视剧中的男主角，后来我还去问老师为什么不给我。老师说："没什么原因，就是你做得不够好。"虽然我当时没有理解，但是这件事情确实给了我很大启发——人不需要每一次都做到完美。

所以，如果一个人能够在人生的早期阶段经历一些挫折，能够接受一些负面的评价，好好培养钝感力，绝对会让一个人走得更远。

2

虽然挫折教育很有必要，但这并不意味着我们要刻意地去打压自己，更不能因为缺乏基本的共情能力而得意或是骄傲。有些时候，我会故意逗我的爱人，特别是在她看特别感人的电影时，她看到动情之处总是哭得稀里哗啦，但我的泪点可能比较高，在她哭的时候总是会忍不住笑。她这个时候就会很生气，说我没心没肺、狼心狗肺之类的……后来，我也反思了，就算自己没被感动到，其实也不应该露出嘲笑的一面。所以，就算你有很强的钝感力，而有些时候你可能会觉得有些人非常矫情，或者过分敏感，那么我们也不应该把自己没有感受到的这一面表现出来，而是应该用更强大的钝感力让对方知道你也能够感受到她的感受。

真正的钝感力不是去嘲笑那些表露情绪的人，而是在了解到某些东西之后，在该表达情绪或者是不该表达情绪的时候，能够恰当地表现出相应的情绪。

3

我想大家一定要问了，怎样才能做到钝感和敏感相平衡呢？其实，没有人天生就是高情商，也没有人天生就钝感或敏感，能够做到这两点平衡的人都是在后天学会了调节，中国古人讲的“中庸之道”和“过犹不及”其实也是同样的道理。

如果你过于敏感，很容易对一些困难或者失败进行错误的归因，认为都是自己的错或者是自己的责任，或者因为别人一句无心的话或是无意之举就产生很大的心理波动，让自己烦恼不堪。如果一个人过于钝感，往往得罪人而不自知，在无意之中就错失了很多重要的机会或是让自己深陷于尴尬的境地。曾国藩曾经在家书中写过：“古来凶德致败者，约有两端，曰长傲，曰多言。”告诫子孙傲慢和多言都对德行有亏。他自己年轻时因为“多言”而吃了这方面的亏，后来他每天在睡前写日课，记录下自己当天的一言一行，反省是否有不妥之处，渐渐改掉了乱说话的毛病。

其实所谓的言多必失，都是在没有顾及他人感受的时候说了一些得罪他人的话，我有时候也会时不时说些“傻话”，所以后来我就专门会把这些“傻话”全部记下来，然后时不时拿出来看一看，也会反省自己怎么能够说出这么“二”的话来呢？同样，在反思的过程中我也会去思考，这些话换个方式去表达会不会更好，那些事我换一个方法去尝试的话，会不会有不一样的效果和结果。所以只有我们不断地去积累去反思，才能够慢慢打磨自己钝感与敏感的平衡。

敏感与钝感看起来像是一对反义词，二者相对，但并不相背离，敏感和钝感其实是不可分的。没有钝感，敏感可能最终会变成冲动或者是自寻烦恼；可是如果离开了敏感，钝感就变成了一种滞后甚至是落后，说它们相辅相成其实是不为过的。

所以，我们要去反思，要去寻求平衡，把钝感和敏感结合起来，这样既能够远离自寻烦恼的陷阱，又能够对重要的事保持专注，提高做事的效率。

4

有时候我也庆幸自己赶上了一个最美好的时代，在这个年代就算你是一个超级敏感或者超级钝感的人也没关系，因为有句话说，“垃圾”都是放错了地方的财富。钝感让我们在工作时不会畏首畏尾，迟钝的人总有一种勇往直前的勇气，因为迟钝，所以他们从不瞻前顾后，更不会优柔寡断，不怕困难的人总是不轻易放弃，钝感的人自有一股子韧性，去做到别人做不到的事。而敏感的人可以利用好自己的敏感，把这份敏感更多地用在自己身上，比如时常对自己进行复盘，一天的工作状态好不好，一个项目中自己的成败得失有哪些，发现自己擅长的领域，找到自己需要规避的缺点，所以敏感的人也总能捕捉到别人察觉不到的机会。

在我们不断寻找钝感和敏感之间平衡的同时，其实也应该试着去找适合自己特点的工作。如果你是个超级敏感的人，那你就应该尝试着去做“敏感”的工作，比如我觉得敏感的人就适合去做一个情感作家，利用自己的敏感去观察生活中的细节，也可以当一个心理医生，用自己超级强大的共情能力去帮助别人排解心中的困惑。如果你是一个钝感非常强的人，那你其实适合做销售或者类似的工作，因为钝感的人起码不会在乎丢不丢人，就算被别人当场拒绝，心里面也没有太大的挫败感。

亚当·斯密在《道德情操论》里说过：一个人高尚的品质是对自己痛苦的充分克制和对他人悲痛的无限关怀。钝感，可以是对自己痛苦的不断克制，也是一个人在逆境中的淡定执着，可以是一个人在危难关头的从容不迫，更是面对惨淡人生的泰然自若……而敏感，可以是对他人悲痛的强烈共情，是对生活细致入微的感受，是我们与这个世界各种悲欢的对话。

对自己的痛苦钝感，对别人的情绪敏感，这是需要我们用一生去攻克的难题。调和钝感与敏感则是一种大智慧，是我们发现自己、认识自己、找到自己，最终实现幸福人生的巨大智慧。

你缺的不是爱情，而是分辨爱情和收获爱情的能力 >>>>>>>

爱情到底是什么？从古至今无数人写了无数本书来阐述这个问题，从文学、哲学，到生物学、社会学……至今好像也没有人能把这个问题说清楚。

在这个资讯如此发达的年代，也有非常多的人顶着“爱情大师”的头衔给大家答疑解惑，甚至有人开班授课，教别人获得爱情的“方法”和“手段”。

我一直不敢谈这个话题，即便我现在已经结婚了，也不敢说自己是这方面的专家。但是我总在想，爱情是任何一个人都躲不过的事情，无论你打算一直单身，还是希望找到合适的对象，爱情这种人生中重要的东西或者说是体验，每个人或多或少都想拥有。

在这里，我只想就我个人的一点经验来跟大家一起探讨一下，怎样才能拥有一段美好的爱情。

1

当年，我也有过类似的困惑，为什么现在的人单身率如此之高？全国现在单身人口已经高达 2 亿，特别是在北京这样的超级大都市，单身男女越来越多。导致这一现象的一个很重要因素是现在经济发展了，我们的选择变得越来越多了，所以大家总是会害怕选错。万一自己的恋爱对象并不是命中注定的那个人怎么办？万一我能找到更好的怎么办？如果你总是会有这样的顾虑，那这个人应该怎么去选？

不知道大家有没有看过亚里士多德捡麦穗的故事，或者你们听到的版本是苏格拉底掰玉米？其实这个故事的大致内容就是一位哲学家穿过一片长满了农作物的田地，他需要从地里摘一个他认为最大最饱满的果实，而且在地里走的时候只能向前走，不能回头。怎样才能保证摘的是最大最饱满的呢？这其实是一个数学问题，假设我们需要在 N 个里面挑选一个最好的，那么就需要仔细挑选前三分之一，在这个范围里面选一个最大的，但是并不拿走这个最大的，而是继续挑选，在接下来的挑选中，只要能有一个比之前选的那个大，就摘走这个。

根据这个数学方法，我身边有的朋友总结出了一个特别“功利”的恋爱公式：假设一个人要找到最好的对象，那先确定一个恋爱对象的数量，比如跟 100 个人谈恋爱的话，那么就先接触前 33 个人，在这 33 个里面选定一个最好最合适的，以他为标准，如果在这 33 人之后再遇到高于这个标准的，那么好了，就是他了！如果单纯从数学的角度来讲，这确实是一个非常好的，看起来却有点“功利”的恋爱方法。如果你实在不知道该选谁，却又特别想找个人定下来的话，那你可以尝试一下，如果在确定了标准后遇到了一个高于标准的人，那就干脆跟他在一起好了。就算以后遇到更好的，也不要再去多想，就告诉自己：有缘无分，这辈子就这样。但核心问题是：你敢这么尝试吗？

大家都说婚姻像围城，我觉得爱情也一样，朱砂痣和白月光都是围城理论的变形，如果真的用理性的公式去找到那个最优解，那就没有意思了。其实有时候爱情和赌博是一个性质，是概率问题，因为你根本不知道下一个好不好。我们都说小赌怡情，大赌伤身，其实爱情也是。如果我们把一辈子都投入到爱情里面，确实会爱得很火热，犹如鲜花着锦、烈火烹油；但是我们往往会发现火热的爱情一般都有个惨烈的结局，无论是梁山伯与祝英台，还是罗密欧与朱丽叶，或是《泰坦尼克号》里的 Jack 和 Rose……

其实，还有许多美好的爱情故事并不是以死亡为结局的，只不过大家没有关注而已，比如说居里夫妇，我觉得居里夫人和她丈夫就是特别好的一对，彼此给予对方更多的是建设性，而不是破坏性，他们的爱情是相互成就，而不是两败俱伤。

如果你要问这个世界上到底有没有那个对的人，我觉得这个答案永远是开放的。可能我们没有办法确定这个人 100% 完美，完全符合你的要求，也说不定在世界某个角落，还真的有个比他更适合你的人，但是一个人在现实条件下没有办法一直无限地看下去，我们只能去选择一个相对的“最优解”。

2

在这个世界上，也许我们不能清晰地定义到底什么样的爱情才是好的爱情，不那么好的爱情却是多种多样，且各具特点。不好的爱情让两个人的生活空间越来越窄，两个人互相限制对方的交际圈，跟这样的人在一起，处处都是限制，并不能看到更大的世界。

有的恋人打着“爱情”招牌，互相“管理”，一个管另外一个人出门穿什么，一个管另外一个人手机里的所有社交账号，甚至要求对方删掉通讯录里所有的异性……这种比谁管谁多一些的“竞赛”会让彼此的感情更深厚且亲密吗？显然不会。猜忌只会带来越来越多的不信任，这并不是一种健康的情感，我之所以确定我现在的爱人是我一定要在一起的人，就是因为跟她在一起，我的世界变得更大了。

所以有人说，好的爱情应该是有趣的灵魂彼此相惜，两个人应该是相似又互补的，但又不可能是一模一样或完全互补的。有些漫画会把爱情画得很完美，刚好是一个螺丝配一个螺帽，一个齿轮紧扣另外一个齿轮，两个人好像可以严丝合缝地拼接在一起。

但其实这个世界上并没有那么完美的另外一半，即便两个人感情再好，也会有需要磨合的地方，只要磨合的结果是让彼此的世界变得更大，让我们的知识面更广，让我们可以变得更加优秀，就是好的爱情。

但是反过来，如果这个磨合是让一个人看到的世界更小，让一个人的优势变得更差，让你的自信心变得更少，那就不是好的感情。当然，更可怕的就是肢体上互相的虐待，那就真的要马上跟对方说拜拜了。

3

我觉得好的爱情是动词，就像刚才说的，是彼此能够互相成就，让彼此变得更好的爱情。现在人对感情的要求都太高，这就导致很多时候对方只要稍微有一点让人不如意的地方，就会让两个人疏远甚至彻底分手。

也有人问，我跟爱人是不是从来不吵架，同样的问题我也问过那些特别恩爱的夫妻，大家的回答跟我是一样的：吵啊，怎么可能不吵架？其实我觉得最可怕的爱情就是两个人无话可说，连架都懒得吵了，所以很多情感专家都介绍过一个非常好的方法，叫作情感账户。在两个人平时开心的时候，多拍照片、录视频、录语音，等到吵架的时候再去打开那个情感账户，听听之前说给彼此的话，看一看美好的照片，回顾一下曾经一起走过的地方……这样在吵架的时候还能想到对方的好，也许就能够让情绪缓和下来，设身处地为对方想一想，两个人平静下来，一切都会烟消云散。

其实我跟我爱人还有一个约定，就是吵架不能隔夜，因为吵架肯定会带来负面情绪，无休止的吵架意味着负面情绪没有办法消解。所以我跟我爱人约定好，不吵完架绝不睡觉，这样负面情绪也就不会过夜了。在我看来，一段感情当中男生主动认错是应该的，也是天经地义的，不管吵架的起因到底是谁对谁错，毕竟简单地从情绪的角度上来说，男生的情绪波动要比女生稍微小一些，而且在日常生活中女生吃的苦比男生多，男生多去承担一点也是很有必要的。

所以，很多时候就算好的感情也会有磕磕绊绊，但我们从长期主义的角度来看，只要保证你们的世界能够变得更大，彼此之间能够给予正向的能量，双方能够一起成长，且都能变得更优秀，那这段感情就值得坚持。

4

曾经有人问我：如果感情当中遇到了挫折，我应该是坚持长期主义，忍一忍继续在一起，还是说就此放弃。我觉得要不要“忍一忍”还是取决于两个人的感情深浅，这时可以两个人都想象一下没有对方的未来是什么样的，如果你想象不出来，说明两人之间还是有感情在的，那么其实双方都可以去为这段感情做一些建设性的事，倒不一定是要“忍一忍”。但是我觉得如果出现了一些原则性的问题，就不必再忍下去了，比如说你发现对方的人品和你的三观有非常大的差别，你们继续在一起可能就是煎熬，因为这是无法改变的现实。

我有个哥们儿说得特别好，他说他每次谈恋爱，都会特别注意这个对象对弱者的态度，比如看她怎么对待服务员，或者是怎么对待宠物。其实，两个人最终决定要不要在一起的时候，可能就是看你们是否能够成为好朋友。我见过的那些好的爱情，双方都不仅仅是所谓的男女关系，更是好朋友，能够彼此接纳、相互促进。如果两个人已经无话可说，没有什么话题可聊了，那就很难再继续下去了。在南极的时候我们遇到过一个老奶奶，她对我们说，好的感情需要三个东西支撑，一是经济基础，二是吸引力，三就是共同的兴趣爱好。我觉得她说得很对，总结得很到位。

有很多朋友也跟我聊过，担心自己跟伴侣差别太大，总是担心一个人走得太快会让另一个人跟不上；或是一个人过分地寻求安稳，而另外一个人专注于打拼，久而久之两个人之间没有任何共识。但我觉得共同的兴趣爱好可以支撑两人去面对这些差异，因为有共同兴趣爱好的人总是有话题可聊，而且这个话题不一定是两个人都在奋斗的目标，而是能让两个人能够坐下来促膝长谈的。

所以当两个人没话可聊，只把对方当成单纯的牵绊时，可能就需要去重新考虑两个人的关系了。大家一定要记住，一段好的感情核心的东西是：时间 × 注意力。很多感情没有一个好的结局是因为缺少陪伴，然而陪伴不仅要靠时间，更需要质量。有了高质量的陪伴，哪怕是你每天只陪爱人半小时，但是这半小时注意力全在对方身上，那么这个陪伴就是有效的；如果你陪了人家两个小时，但这两个小时里你只是在玩手机，总是处于神游的状态，和对方的交流也只是机械地回复“好好好”“是是是”，那其实这种陪伴就算时间再长，也是无效的。其实好的感情不在于送了对方多么贵重的礼物，而是时不时的小惊喜和小幸福，只要你用心了，哪怕不花很多钱，也不花很多精力，但对方始终还记得，那就已经是很好了。

繁体字的“愛”字里面有个心，虽然我们简化了这个心，但是在我们寻找那个人的时候，一定把这颗心带上。我相信，大家一定会遇到那个对的人，找到属于自己的最好的爱情。

爱他人？爱自己！ >>>>>>>

在这个世界上总有许多互相矛盾的说法。比如有人说，没有人是孤岛，我们每个人都彼此相连，我们活在部落里，所以要爱他人；也有人说，他人就是地狱，一切苦恼都来自他人，我们的困难都是别人带来的，自己一个人独处的话会更好……

诸如此类的话题可能从人类有文字记载以来就被提及，而后一类说法越来越占得上风。现在中国的单身人口越来越多，年轻人越来越喜欢宅在家里，很多人觉得自己越来越孤僻，这可能就是最好的例证。

我们到底应该如何面对他人？

1

他人到底是灾难和地狱，还是避风的港湾？如果没有他人，我们到底可以活得更快乐，还是更加糟心？

其实我觉得这和世界上其他所有问题一样，关键都在于一个“度”，很多时候，在看似不相关的事物背后都有真正的因果关系。比如很多人会自卑、胆怯，这些看起来都是一个人自己的事情，跟他人有什么关系？自卑胆小的人往往最在乎他人的想法和评价，而真正不在乎他人看法的人，反而人际关系特别好，这就是最吊诡的地方。

也许你会说：好吧，我要活得没心没肺，不在乎任何人的想法，这样就会很快乐。但是我们也要知道，过分的以自我为中心看似活得很洒脱、快乐，但是这种极致的“自信”本质上是另一种程度上的自卑。因为这样的人根本没有办法听取别人的任何一点意见，当他遇到一个和他同样强大但是站在他对立面的人，给他造成的打击可能会更大。

那么我们到底应该如何去把握这个“度”呢？

2

对于这个问题，有些人说得简单：我希望别人怎么对待我，我就怎样去对待别人。有句古话是“己所不欲，勿施于人”，但是反过来是否能够同样成立？我们是否能够要求别人以我对待他们的方式去对待我呢？这在我看来，是一种奢望。当我们遇到了几个不以我们的方式对待我们的人之后，我们便会觉得全人类都不值得交流，于是彻底关上了和外界交流的门，这三两个人就成为让我们对他人失去希望的根源。

我们其实没有办法要求所有人都用我们喜欢的方式对待自己，可我们总能找到那些愿意用我们对待他们的方式对待我们的人。真正学会交往的人，不会要求所有人都活成自己想要的模样，而是去寻找符合自己风格的那一类人，我们的人生其实就是一个寻找同类的过程。这个同类不仅是需求上的同类，体型上的同类，文化上的同类，更多是三观上的同类，性格上的同类，在“别人应该怎么对待自己”这个问题上有相同看法的同类。

当然，这个世界也充满了有趣和值得挑战的地方，我们不可能一辈子只待在“新手村”里，否则永远都没办法找到那些真正愿意用我们对待他们的方式来对待我们的人。所以对于身边的他人，我们一定要知道：选择大于培养，能选尽可能多选。而那些无法选择的，无论是强制分的班，还是随机遇到的舍友，还是无法选择的任何人，你要知道的是：你们总有说再见的那一天。

当然，也总有一些人是无法说再见的，比如那些与你三观相距甚远的亲戚，甚至是你最亲密的家人，这些人对我们来说很重要，但是他们和我们完全不一样，也许完全无法理解我们，但是我们也没办法远离他们，这又该怎么办？

3

在我当老师的这些年里，遇到过很多令人痛心的孩子，他们身后的家庭也同样令人痛心。有些孩子的出生并不在父母计划之中，于是就被忽视；有的父母从孩子小的时候就开始不断打压他们……我们没有办法选择自己的亲人，但是我们可以选择用什么样的心态和方法去面对他们。我们能做的就是让自己拥有一颗强大的内心，不因为任何人的打压而扭曲对自己的认识，贬低自己的价值。

除了这种来自被动关系的打压，我们遇到更多的是来自其他关系的否定和打击，也许是你的同学、室友、同事、老师……当我们遇到的这些人给出负面评价时，只要仔细听他们说的话，就可以分辨出他到底是针对一件事还是针对你这个人。如果他总是说你这个人如何如何，这种评价大可不用去听，因为他批判的不是事，他给你的并不是一个有效的负面反馈，而只是在否定你。从另一个角度来讲，并不是所有的负面反馈都不要去听，否则我们都会变成《皇帝的新衣》里的皇帝，只能活在虚假的褒奖中。

那什么样的负面反馈一定要听呢？比如有人对你说，你这件事儿怎么样，你做的东西怎么样，你的作品怎么样，你这次的表现怎么样，只要有这些关键词出现，那你就要竖起耳朵来听一听，因为对方是就事情本身提出建议，这一点是很难得的，毕竟大家都不想随意得罪谁。一个人对你做的事提出建议，说明他是希望这件事情你能做得更好。我自己平时讲课的时候就特别希望听到那些积极的反馈，希望这些人来给我提出意见和建议。我每次遇到这种人恨不得把他抱起来举高高。积极的负面反馈，会让我知道哪些地方做得不好，它在打击我的同时又指明了我前进的方向，告诉我接下来该怎么去做，这是一件值得庆幸的事。但是很多时候你会发现有许多评价介于两者之间，那么你就应该静下心来和对方长谈一下，让对方把事实和情感梳理一下，以便获得更真实的信息反馈。

这种对事不对人的意见和建议，尤其是在父母、伴侣等亲密关系中特别常见，很多时候，他们并不是要真正恶意地否定你，他们可能只是没有办法表达出自己真正想要说的东西，所以用模糊的语言概括他的情绪，他们可能真的是为你好，却没有用对表达方式。

4

刚才我们谈的都是如何让身边的人用我们对待他们的方式对待自己，那么大家可能又要问了，我们要怎么去帮助他人呢？我想这还是一个“度”的问题。他人和我们一样，都不是孤岛，所以我们需要帮助他人，但是他人即地狱，过分的帮助没有得到正向反馈也会让自己痛苦。

我觉得帮助他人最好的标准其实还是那句话——授人以鱼不如授人以渔。要帮助一个人，就教他方法，但是如果他连方法都不想学，就得先做好他的思想工作。如果一个人真的需要我们帮助，我们可以给他提供最诚恳的建议来激发他，但一旦涉及具体的金钱，那我们就要三思而后行。因为钱这个东西不能解决真正的问题，但凡涉及具体的利益或者说直接利益的输送，也一定要三思而后行，因为这些可能并不是真正解决问题的方法。有些人说帮助他人会让自己觉得很累，我想这可能就是他们帮助的方式出了问题。

在职场上，如果总有人要你来帮他做各种各样的小事儿，这其实就不符合“授人以鱼不如授人以渔”的原则。因为他完全可以自己去做，如果所有人的忙你都帮，那你的帮助会显得很廉价，对方可能并不会因此感激你。甚至更可怕的是：他会把你的帮忙当成理所当然的事情。我就认识这么一位高人，大家对他总是充满感激，他总是能帮助到每一个需要他帮助的人，他每次帮助别人的时间和投入产出比非常高。我问他是怎么做到的呢？他说：分三步走。第一步，成为某个领域的专家。当你成了这个领域的专家，然后别人再问你这方面问题的时候，那他就会对你足够信服。第二步，除了该帮的忙，其他忙一律不帮。这是要建立分寸感，如果有人因为某个问题来找你，你可以提供帮助，但是其他的问题并不在你的帮忙范畴。第三步，帮忙的时候告诉对方要怎么去做。给对方讲清楚相应的步骤，但绝对不会所有事情都亲力亲为。因为我们任何人都无法代替别人去做某件事情，如果我们没有办法享受果实，那我们也不应该帮助别人去摘果子。

以前我也是职场上的老好人，任何人需要让我去做任何事情，我都说没问题。但是我最后越帮心态越崩溃，越感觉累，想做的事情全都没有做到位，反而口碑还没有之前那么好。而当我下定决心只帮这一个忙的时候，反而由于我在这方面的专业度不断地积累，口碑变得越来越好。

我们在帮助他人的同时也实现了自身品牌价值的增长，何乐而不为呢？爱他人？爱自己？其实我觉得这是一件不矛盾的事情，这两者并不是非此即彼的选项，而是可以兼容的。因为爱他人就是爱自己，这个他人是你选择出来的他人，而并不是所有人。我们不是全知全能的神仙，没有办法爱所有人，也爱不过来，所以我们爱的身边人一定要是自己主动选择的结果。而当你真正找到这些人的时候，爱他人就等于爱自己。同样，爱自己，才能更好地爱他人。

爱的四动：主动、舞动、变动和行动 >>>>>>

关于爱情的话题，我一直不太敢写。究其原因，一方面我认为这个话题实在是太过于主观，每一个人的爱情都不太一样，没有一个人可以给出对爱最权威的定义。

另外一方面，我又觉得这个话题实在是讲烂了，古往今来，很多伟大的作品都跟爱情有关，很多伟大的爱情也非常令人动容。

虽然写这本书的时候我已经找到了自己的真爱，结了婚，但我还是担心自己的经验是个非常单一的样本，不具备代表性。

但是，架不住很多读者的请求，大家都想让我分析一下对爱的理解，所以我只是把自己的看法跟朋友们说一说，希望这些能够对大家有所帮助。

1

我在很小的时候读到过一句话：Love is a verb（爱是个动词）。当时，我对这句话的理解就是爱不应该是名词，它是动词。说白了，真正的爱是要行动起来，是要付出才可以。直到长大了，自己也经历了许多事情，才知道这个动词其实包含了许多含义。

第一个爱的含义是“主动”。不管是男生还是女生，想要找到另一半，都要从主动开始。现在单身的朋友那么多，其实就是因为许多人都没有办法了解“主动”这个核心关键词。主动也有两个方面：

首先，我们要主动让自己变成更好的自己，而不是被动地等着现在的自己能够配得上自己心目中的那个人。在现实生活中，有很大一部分人面对爱情的时候或多或少都有点眼高手低，不管是男生还是女生。我经常给学生分享的一句话叫作：让自己成为更加优秀的人，更加优秀的他就会在你变得优秀的过程中出现。主动让自己变得更优秀是我们每个人都应该去做的。我们应该主动释放自己的美。这个美可以是外在的美，可以是心灵的美，也可以是自己欣赏的那种美，只有主动发出相应的信号，才能够吸引到和你相同的人。如果我们只是一味被动地等待，无论你多么的优秀，在这个信息如此繁杂的世界都很难找到跟自己志趣相投的另一半。

其次，是要主动地进入这个世界，了解客观真相。要知道，在这个世界上其实没有任何一个人是完美的，每个人肯定都有一些或多或少的缺陷。如果你总是被动地陷入在完美世界的浪漫小说里，那么你可能会对这个真实的世界有一些误解，总以为要遇到那个100%合适的人才能够开始一段恋情。有时候爱情这东西就像火一样，之所以有些爱情看起来炽热，那是因为燃烧的时间比较短。试想一下罗密欧与朱丽叶，假设没有父母长辈的反对，在他们相处一段时间之后，也许会发现彼此的缺点，没准也逃不过走着走着就散了的结局。所以，我们还是要主动去了解世界，知道真实的世界到底怎么样，然后再做出选择，可能就会找到更好的爱人。

不过，话又说回来，每个人都对这个世界有着自己的看法，许多人经常把“三观”这个词挂在嘴边，三观即人生观、社会观和世界观。在我看来，人生观就是自己怎么看待自己这一辈子；社会观就是一个人怎么看待和别人的关系；世界观就是怎么看待自己和世界的关系。而我自己的人生观，就是希望能够通过自己的努力过上想要的生活，也让别人过得更加幸福。好在我的爱人跟我持有同样的看法，当然也许正是我们一致的“三观”才让我们能够走到一起。在社会观方面，我觉得人与人之间的彼此帮助会让大家变得更好，但有些人就觉得，一个人变得好一定要以别人变得不好为代价，人与人之间完全是竞争关系，是一场东风压倒西风的博弈，我可能无法跟这样的人在一起。在世界观方面，我认为人活着是有意义的，能够给世界带来一些改变，但有一些人会觉得，人活着跟这个世界没有任何关系，不会带来任何影响。我可能也很难跟这些人在一起。

其实我一直想说，三观没有严格意义上的对与错，每个人对人生、对社会，以及对这个世界都有自己的认知和看法，只是我们都想找到跟自己相似的那个人而已。

2

第二个爱的含义是舞动。当你能够主动选择遇到那个让你心动的另一半时，美好的爱情就开始了。但是很遗憾，很多人从来不主动，也没有经历过舞动就进入了婚姻，但是如果你现在还有机会，不管你现在年龄多大，我还是希望你能够感受到舞动的青春。舞动的过程其实就是两人之间配合、磨合的过程，一个人的舞蹈你可以想跳就跳，但是爱情的舞蹈可能更像是华尔兹，有进有退。

跳华尔兹的时候，看起来像是男方在主导，女方被牵引，但其实是两个人配合默契的成果，你来我往，有进有退。刚开始跳的时候，难免会踩到彼此的脚，这也很正常，如果可以的话，坚持多跳几曲，看一看是否能找到一个可以一起和谐舞动的节拍。需要注意的是：舞池的边界就是你的底线，如果对方做出一些完全超出你做人底线的事情，一步跨到了舞池的外面，那你就必须立刻结束这段舞蹈，果断地离开。

我和爱人之间也有一些不太默契的地方。比如：我特别喜欢徒步、翻山越岭，但是她对这些并不是那么感兴趣；她特别喜欢现代艺术和时尚，而我就有点“土”；她喜欢吃酸，我喜欢吃辣，她喜欢安静优雅，我喜欢热血激情……但是，这并不代表我们俩不会彼此欣赏，也因为我们的底色相差不远，在三观方面还算基本一致，所以我慢慢地开始变得有品位，她也会在旅途中陪我走几回，这些虽然都算不上是大事，但是这段“舞”还是很美好。

3

第三个爱的含义是变动。一场持久的爱情，并不意味着没有任何变化，在爱的过程中肯定是会有各种变化的，而且变化一定是自然的，也是可喜的。在很多比较低能的言情剧里面，女主角或者男主角总会指责对方说：你变了，你居然不爱我了。每次看到这种情节我都想说：其实对方的变是正常的，不变才奇怪。

丘吉尔就曾经说过：想要变得优秀就要改变。如果想要爱变得完美，就要不断改变爱的样子。爱情这件事从来都不是一成不变的，一开始男女双方可能都处于激情迸发的阶段，但之后大家可能会有更多的责任，会有更多亲情或牵绊,但这不代表爱不在了,只不过是换了一种形式存在。有人说陪伴是最长情的告白，其实爱本来就是一个流体，它就是在不断变动的，那我们只要接受它就好了。当然，如果在万变当中求一些不变，这种爱可能就会让双方接受起来没有那么困难，这个不变的东西就是我们所说的仪式感。

我记得第一次给我爱人过生日的时候，当时我就答应她每年一定要去一个不同的城市过生日，现在这个习惯还一直在保持着，遇到特殊情况出不了远门儿，我们也会在网上进行一次虚拟的旅行。这种小小的仪式感，虽然看起来有点“矫揉造作”，但确实让我们那份爱情变得更加具体，层次更加丰富，色彩也更加斑斓。

4

最后一个爱的含义是行动。我把行动当作是两人在路上一起往前走，或者说是共同成长。很多人会说感情没有办法保持太久，时间久了就淡了，所以两个人走着走着可能就走散了。一个人还想往前走，一个人想原地踏步，一个人想往左走，另外一个人想去看一看右边的风景……当然，每个人都有自己的追求，向左走还是向右走完全是个人的选择问题，走个弯路其实也不算特别可怕，大不了走个“S”形。或者一个人跑得快，他就先把自己的那一边走完，再陪另外一个人去看看另一边的风景。

但核心一定是：一起走。很多感情之所以无以为继，是因为经常是一方在外面接触社会，不断地变得优秀，而另外一方不思进取。其实真正能够持久的关系都是能让人共同成长的。当然，也许有人会说，你看人家比尔·盖茨夫妇都离婚了，贝索斯也离婚了，还有什么真正的爱情？其实我觉得那种在网上说再也不相信爱情的人，可能从来就没相信过爱情。因为相信爱情的人根本不需要别人的爱情来帮助你，相信爱情就如同相信自己的生命有意义，而不必关心别人过得是否有意义。就算别人的爱情结束了，也并不妨碍你相信现在的爱情或者下一段爱情，两个人即便是分开，彼此也都一起成长了很多，这一份经历是最让人难忘的。能和我的爱人一起，我就会很开心，我们每天都会花一个小时一起学习，分享对这个世界的看法，一起约定走更长更远的路。

小的时候不理解为什么“爱”是动词，长大了可能也不能算是完全理解了爱的含义，只能说现在的我对爱的理解就是主动、变动、舞动和行动。我们的爱将来会变成什么样子我也不知道，但我可以肯定，爱是个动词，并且会不断地变化。我觉得，我们应该学会享受爱，而不是恐惧失去，害怕变化。

生而为人，不必抱歉 >>>>>>

最近在互联网的世界里，大家都喜欢说一个词“emo”，它描述的是这样一种情绪：感慨自己生活不易，充满了各种各样的烦恼……其实很多人的烦恼绝大部分都来自不知道如何处理人际关系。

比如：别人不喜欢我怎么办？说话得罪别人怎么办？同事排挤我怎么办？领导看不上我怎么办？家人不理解我怎么办……

人是社会性动物。作为人类，我们不得不活在各种各样的人际关系网中，周围人对我们的态度不可避免地会影响到我们的心情。而如果让这件事情过分地占据我们思维的主体，想不焦虑都很难。

我曾经也是一个特别在乎别人看法的人，每次我因为某件事情而感到过分焦虑时，就会去宠物店看看猫猫狗狗，然后就会想：有些人啊！他还不如一条狗！

面对这些问题，我们应该怎么去选择自己真正想要的人际关系？

1

很多人觉得能把人际关系处理好的都是人际关系管理大师。也有人会觉得这些人往往都是外向的人，而内向的人往往不太擅长处理人际关系，在这个社会比较吃亏。其实这种认知就浅薄了。

首先，内向、外向的性格并不是一成不变的，有些人在 A 场合比较外向，在 B 场合可能就变内向。有些人可能在家人面前很外向，但在朋友之间可能比较内向，反之亦然。其次，内向和外向也不能完全根据话多话少来决定，也不能按照处理人际关系的频繁程度和熟练程度来决定，而且内向和外向本身也都有各自的优点。

一些被定义为外向的人，可能看起来侃侃而谈，但是他也许会在某个深夜暗自哭泣。而那些所谓的内向的人，你可能会觉得他不善言辞，但是也许他情感丰富，十分擅长通过文字来进行表达。比如，很多优秀的作家平时都很内向，所以我觉得不应该以内向或者外向来给任何人下定论，更不应该去分个孰高孰低。

2

如果一定要去定义内向和外向，我听说过一个很有意思的定义方法，就是看当你和其他人在一起的时候，你内心中的能量是处于什么样的一种状态。如果你发现人越多你就越兴奋、越开心，你内心中的能量是在不断增加的，你是在吸收他人的能量，而人越少，或者一个人独处的时候，你越感到无助，心里越慌，那你可能就属于普遍意义上的外向。与之相反，如果人越多，你却发现自己其实是在释放能量，需要花费很大的精力去维护人与人之间关系，而在人少的时候，你是在慢慢地积蓄能量，不管是通过书本、音乐，还是一个人的独处，这种情况你可能就会被定义成所谓的“内向”。

按照这个定义的话，其实我也是个内向的人。虽然我经常讲课、演讲，甚至辩论，但是辩论的时候我是在释放能量，并不是在汲取能量，反而在我一个人待着的时候，是在慢慢汲取能量。身边很多优秀的辩手在辩论场上看起来很能讲话，最典型的就是颜如晶，但是她在生活中话可能并没有那么多，黄执中老师也是这样。

所以，如果一定要按照一个方式去定义内向外向的话，那么按照汲取能量和释放能量这种方式去定义效果可能会更好。按照这个标准去看一下自己，你觉得自己是什么样的人呢？当然，在现实中问题可能会更复杂，你可能在某些人群中是汲取能量的，但在某些人群中是释放能量的。在某些时刻，你是内向的，而在某些场合，你又是外向的……

人本来就像是一种流动的液体，连我们身体的78%都是由水组成的，我们的性格又怎么会是一成不变的呢？所以定义的标准只要了解大概就好，因为我们的判断、我们的认知可能是模糊的，最终需要我们在具体的场合下做出具体的判断。

3

人可以分成内向和外向两大类，其实在我看来人际关系也可以分成两大类：一类是可以选择的关系，比如你的同事、朋友，或者老板——这一代年轻人经常一不爽就换老板，就是因为处理不好人际关系，在职场上因此而辞职很正常。另外一类是无法选择的关系，比如你的父母、兄弟姐妹、七大姑八大姨这种亲戚等等。

面对那些无法选择的人际关系，我们又该怎么做呢？我记得当年有一次在节目上辩论的时候，就曾经说到过关于亲戚的话题，大概是：如果说亲戚朋友不成长，我们是不是应该告诉他？当时就有人讲：“干吗要当面指出你亲戚的问题？如果你把所有的窗户纸都捅破了，那明年你二舅不成长，难道他就不是你二舅了吗？”所以很多时候，在无法选择的人际关系中，我们绝大部分人选择处理问题的方式，可能就是维持表面的一团和气。这也并非不可，因为很多人和自己的远房亲戚可能一年也就春节见一次，何必自找麻烦呢。

当我们面对这些无法选择的关系时，如果选择了抱着让对方舒服的态度，那么对方数落我们单身也罢，工作不好也罢，我们也就不必在意了。毕竟能读到这本书的人，相信你的认知水平都很高，所以遇到这种情况咱们就当作助人为乐让他们爽一爽得了，打打哈哈就过去了。

但是问题又来了，当这些无法选择的关系是比较亲密那种怎么办？比如说你的父母、配偶，你总不能选择一辈子不跟他们讲话吧？可悲的是有些人确实会去这么做，跟亲密的人冷战之类的，这就会导致家庭中的一些隔阂。我自己其实也遇到过类似的问题，无论是跟妈妈、妹妹，还是我的爱人，彼此之间肯定会有无法理解或者无法沟通的时候。在这种时候，我觉得寻求第三方的专业帮助也不错。我自己会定期地去看心理医生，甚至会组织家人“组团”去做家庭心理咨询。采取这种方式绝对不是因为出了多大的问题，只是有些时候能有第三方，从更高级的维度来进行调整和协调双方的沟通，会让我们能够从不同的视角去理解对方。如果没有办法进行整体的家庭咨询怎么办呢？那我们就会提出一个概念“共同成长”。

其实，很多时候家庭关系脱节的主要原因在于认知出现了不同，这就是我们所谓的代沟。大家不妨思考一下，你父母成长的年代和你成长的年代完全不一样，考虑的问题也完全不一样。你的配偶就算和你已经走到了一起，但是你们的原生家庭肯定有各种各样的不同。所以当你们的共同话题，以及关注的事物不一样的时候，那这段关系中的隔阂肯定会越来越多。但是如果两个人可以有一些共同的兴趣爱好，有共同摄取的内容，那么这段关系起码在认知层面上会有所改善。

说到这里，我就不得不提到在线上教课的时候，有很多家庭都是丈夫和妻子一起学习，因为连麦的时候我可以看到丈夫和妻子一起出现在镜头里。我就敢断言，这种一起学习的家庭，夫妻双方的关系肯定会很不错。当然还有很多是妈妈带着孩子一起学习，爸爸不知道去哪里了。一开始的时候，甚至有的爸爸还会觉得很无语，甚至还嘲弄自己的妻子：“你还学什么学呀？孩子学就好了。”遇到这种情况我都会建议这些妻子跟她们的丈夫说：“别害怕，要敢于去沟通交流，让你老公也听一听，说不定听一点他就会喜欢上了呢。”绝大部分情况下，这些丈夫也会慢慢开始学习，整个家庭有了更多的共同话题。

我们也可以一起培养其他的兴趣爱好，比如说同读一本书，一起去听音乐，一起去徒步、登山，甚至一起拼乐高也可以。有了可以一起参与的事情，就能促进家人之间的接纳和理解，这种无法选择的亲密关系也就会变得更好。

4

说完无法选择的关系，大家肯定要问了，在可以选择的人际关系中，我们应该怎么办呢？主动选择的人际关系包含了我们身边的朋友、同事，以及我们的老板等等。那既然这段关系本身就是可以选择的，那么想要这段关系能够融洽的前提，也必须要记住的一点是：当你发现这段关系充满了负面能量和阴暗情绪的时候，该走就走。

我的学生经常问我一些这样的问题：“老师，我的舍友不学习怎么办？”“老师，我的同学太堕落了怎么办？”“老师，我的同事为人很阴险怎么办？”诸如此类。对于这些问题，我想说的是：虽然有些时候会出现误解，可能对方不是真的堕落或者真的阴险，但是在绝大部分情况下，当你发现和一个人在一起总是处于一种被掏空的状态，或者对方总是带给你一种非常不舒服的感觉，那这个时候你确实就应该跟这个人，或者跟这段关系说再见了。

这个道理在年轻的人群当中越来越普遍，现在的年轻人一言不合就辞职，其实本质就在于他们更喜欢主动去选择让自己舒服的关系。不过，虽然是可以选择的关系，但我们也要避免走向另外一个极端。如果说一个极端是那种过分的讨好型人格，讨好同事、讨好老板、讨好同学的话，那么另外一个极端就是感觉所有关系都可以离开。现在年轻人群离婚率之所以很高，就是因为他们如果懒得维护这段关系了，直接离开就好。所以现在 90 后、00 后的抑郁程度也越来越高，因为他们觉得所有关系都可以断开，这就慢慢地导致现实中的关系变得越来越淡薄，而所有的关系都依赖于虚拟的网络。这些虚拟的关系没有办法带来真正的安慰，所以抑郁症的发病率就会高。其实，这些可以选择的人际关系是我们人生当中非常重要的一部分，我们要慎重地选择，当然也不能轻易放弃。

我们要知道如何去进行友谊的改善，而不是一觉得不行就换。对于如何改善这些可以选择的关系，我有三个建议：

第一个建议是：在选择之前要做到慎重。也就是说无论是朋友关系、工作关系还是配偶关系，我们都需要尽可能选择和自己有一些共同之处的人，不管是兴趣爱好，还是志向抱负。如果你是一个想要走遍世界四海为家的人，那你从一开始就不要混入一个只想安安稳稳待着的群体里。如果你是一个喜欢重金属摇滚的人，那你从一开始就不要硬进入一个喜欢民谣风格的群体里……所以，选择要慎重。

第二个建议是：一旦选择了，就要做好面对现实的准备。你在选择的时候肯定是以核心的几条标准作为选择依据的，如果是选择工作，可能核心的标准是工资适合你，团队氛围适合你，能力适合你。选配偶的时候可能是因为他和你的性格相互匹配，兴趣相投，生活习惯和你差不多……但是要注意，一旦选择之后，即使是再怎么优秀的人或者再怎么匹配的事，绝对还有 20% ~ 40%，甚至 50% 的部分是不匹配的。这个时候你不应该立刻就说："不行，我们还有这么多不匹配的地方！"然后就把这关系断了。

这个时候我们需要抓住重点，只要核心原则的部分是匹配的，那么其他的地方有一些瑕疵是完全可以磨合的。我有个专门做婚姻咨询的朋友说现在年轻人离婚率这么高，就是因为结婚之前大家看的都是对方和自己相同的部分，但结婚以后就发现了很多不一样的部分，觉得受不了就赶紧撤了。那些多次结婚、离婚的年轻人除了做选择的时候不够慎重，更主要的是做出选择之后又发现对方跟自己有不太匹配的地方，他们不是努力去磨合，而是直接选择了结束。

第三个建议是：要求同存异。其实所有的关系，不管是朋友、配偶，还是领导、下属，都是一个成长体，而关系本身是有机体。在关系中有三个核心因素：一个是你，一个是对方，还有一个是关系本身，这三者都是在成长的。你可以成长，对方也可以成长，这段关系也可以成长。

关系绝对不是固定的，人际关系也不是不变的，人际关系的成长需要双方的共同努力和培养，那么求同存异才是最好的办法。

所以我们要学会主动沟通，而且一定要注意一点：不要总觉得你不说话，对方就知道你的意思。现在很多恋爱中的情侣，会觉得对方怎么就不懂我的意思呢？然后就在那生闷气。这是看似可爱实则有点幼稚的行为。自己有需求，就应该勇敢大胆地表达出来，如果觉得说出来比较尴尬，那写出来也无妨。只要双方在互相尊重的前提下，能够敢于表达自己对关系的诉求，总能够让关系变得更好。

我们很多时候会觉得很抱歉，觉得自己没有满足对方的需求，但如果每个人都觉得自己没有活到该有的水准，那肯定不是我们做人有问题，而是我们对这个水准或者说对人际关系的理解出了问题。关系是个成长的有机体，我们可以通过主动地选择、主动地维护来让它变得更好。但要记住，成长才是人生唯一的命题，让我们一起不断成长吧！所以，生而为人，不必抱歉。